미세움 아름다운 도시만들기 시리즈 ☐1

경관법을 활용한 환경 색채계획

경관법을 활용한
환경색채계획

2007년 11월 10일 1판 1쇄 인쇄
2007년 11월 15일 1판 1쇄 발행

지은이 요시다 신고
옮긴이 이 석 현
펴낸이 강 찬 석
펴낸곳 도서출판 **미세움**
주 소 121-856 서울시 마포구 신수동 448-6 출판협동조합
전 화 02)703-7507 팩 스 02)703-7508
등 록 제313-2007-000133호

ISBN 978-89-85493-26-0   03540

정가 13,500원
잘못된 책은 바꾸어 드립니다.

미세움 아름다운 도시만들기 시리즈 ①

경관법을 활용한
환경색채계획

요시다 신고 지음
이 석 현 옮김

美세움

| 목차 |

4

02장 고채도화하는 일본의 도시 _ 77

05장 관계성의 디자인 _ 177

서문

경관법과 색채 색에 대한 취미는 사람에 따라 달라 개인이 소유한 주택 외벽색의 규제에 대해 반발하는 사람도 많다. 그러나 현재 일본의 혼잡한 색채환경을 보면 개인의 소유일지라도 많은 사람들의 눈에 드러나는 부분의 색채사용에 대해서는 일정한 룰이 필요하다. 2005년 6월, 국가는 양호한 경관형성의 촉진을 위해 경관법을 시행했다. 경관법의 기본이념에는 양호한 경관은 국민공유의 자산이라고 명기되어 있다. 지역경관을 키워나가기 위해서는 개인이 소유하고 있는 주택일지라도 그 외관은 지역경관의 구성요소에 속한다는 것을 인식해, 주변과의 관계를 배려해야 한다. 색채는 주변과의 관계를 정리했을 때 아름답게 보인다. 개인의 취향에 따라 색채가 사용된다면 거리는 지역의 자산이 될 수 없다. 경관법에는 지역의 개성이 존중되어 있고, 그 개성적인 경관을 키워 나가기 위해 색채가 중요한 위치를 차지하고 있으며, 지구설정을 통해 건축물의 형태, 디자인과 함께 색채의 제한도 가능하게 되었다. 이후로 일본 각지에서는 경관형성이 더욱 활발해질 것이다. 이 책의 집필에 있어서는 지역자산으로서의 경관을 키워가기 위해 색채를 어떻게 취급해야 좋은가에 대해, 실제의 환경색채계획의 사례를 들어가며 가능한 한 알기 쉽게 해설하는 것에 중점을 뒀다.

20대 때 나는 저명한 컬러리스트 쟌 필립 랑크로의 아틀리에에서 프랑스의 거리색채에 대해 연구할 수 있는 기회를 얻었다. 그 당시 만난 프랑스의 전통적인 거리가 가진 아름다움은 지금도 잊을 수가 없다. 지붕과 외벽에 사용된 건축자재는 정돈되어 있었고, 거리는 군(群)으로서 통일감을 가지고 있었다. 현관주변에는 각각 개성적인 색채가 사용되어 있어 그것을 보고 걷는 것만으로도 즐거웠다. 거리가 군(群)으로서의 통일감을 가지며, 그 속에 집들 저마다의 개성이 표현될 때 통일감은 이루어진다. 세계의 전통적 건축물의 건축재료는 기본적으로 지역에서 산출된 석재나 목재를 사용하고 있다. 그것은 그 토지의 기후·풍토에서 길러진 것들이다. 그곳에 사는 사람들은 지역의 자연이 만든 색채를 기반으로 다양한 방식으로 거리의 풍경을 키워 왔다. 그러한 지역의 색채를 알고, 그것들을 존중해 풍경을 키워 나가는 수법은 나의 컬러디자인의 기본이 되었다. 대학시절에 만난 일본의 디자인은 팔리기 위한 것들을 만드는 데만 지나치게 열중하고 있었다. 그곳에는 물건이 놓여지는 장소에 대한 배려가 결여돼 있어, 형태나 색채에 대한 새로운 눈을 필요로 하고 있었다.

색채는 물건에 부가가치만을 전하는 것은 아니라고 생각하면서도 학창시절에는 그 구체적인 전개방법이 발견되지 않았고, 지역소재를 사용한 통일감과 개성이 합쳐진 프랑스 거리와의 만남은 나에게 새로운 디자인 방향을 예감시켰다.

색은 화장이 아니다 프랑스의 지역에 축적되어 온 규범을 발견하고 거기에 시대의 창조성을 더해 풍경을 키워나가는 수법을 만난 후부터 부가가치로서의 디자인과 결별하게 되었다. 풍경은 바깥부터 장식하는 것이 아닌 안쪽에 있는 사람들의 삶이 표출된 것이다. 환경색채디자인을 건물의 화장술이라고 말하는 사람도 있지만 나는 통일성과 개성이 합해진 프랑스의 전통적인 거리와 접했을 때부터, 색채는 표면에 행하는 화장술이 아닌 내면이 투영된 피부와 같은 것이라고 생각하게 되었다. 최근은 시민참여의 거리만들기가 활발하게 진행되고 있으며 나도 이러한 활동에 참가할 기회가 잦아졌다. 컬러디자이너로서 외부의 색채를 제안하는 것만이 아닌 지역활동에 참가해 거리를 활성화하여 내부에서 우러나는 피부로서의 색채를 만들어 나갈 필요가 있다고 생각했기 때문이다.

세분화된 디자인을 연결하는 색채 본서는 내가 지금까지 일본 각지에서 실천해 온 환경색채계획의 과정에서 생각해 온 것들을 정리한 것이다. 환경색채계획은 단순히 건물에 맞는 예쁜 색채를 제안하는 것만이 아닌, 지역의 풍경을 만들기 위한 것이다. 그리고 그 풍경은 지역의 삶과 이어져 있다. 이를 위해서는 먼저 지역을 이해하는 것이 중요하다. 유행을 먼저 생각해 새로운 색채로 거리를 꾸미는 것보다 그곳에 축적되어 온 색채를 지역 사람들이 받아들이는 것이 중요하다고 생각된다. 환경

색채계획은 아직 일반인에게는 익숙하지 않는 분야이다. 그러
나 색채는 모든 디자인 분야와 연관되어 있으며 세밀하게 분할
된 디자인 영역을 연결하는 역할을 할 수 있다. 환경색채계획은
거리를 매개로 한 지금까지의 디자인 분야를 통합하는 새로운
디자인 영역이기도 하다.

역자 서문

환경색채는 지역에 대한 애착의 표현

환경색채는 환경을 위한 색채이다. 환경은 사람들이 살아가는 일체의 공간이며 환경색채는 이러한 공간을 조화롭게 만들기 위한 색채를 의미한다. 환경을 구성하는 많은 요소 중에서 색채의 역할은 각별하다. 부분적으로 존재하기도 하지만 전체적으로 존재하기도 하며, 유형의 색이 존재하지만 무형의 색으로 의식 속에 남아 있기도 하다. 도시의 뿌리 속에 감추어져 있기도 하지만 자연의 옷을 걸치기도 하며, 건물과 사람들의 피부를 구성하기도 한다. 크기도 하고 작기도 하며 넓기도 하고 좁기도 하다. 오랫동안 머무는 색이 있다가도 눈 앞에서 어느덧 사라지기도 한다. 최근은 의식적으로 색을 규정하고 입히기도 하지만 그것이 변화하는 자연과 오래된 시간의 흔적까지도 포함하기에는 그 의미의 논리는 너무도 빈약하다.

환경을 구성하는 많은 색채요소 중에서 인공색의 일부를 의도적으로 정한다고 해서 도시의 이미지가 크게 바뀌는 것은 아니며, 문화와 풍토와 같은 살아 있는 사람들의 삶을 표현해 나가야 하기 때문이다. 그만큼 환경의 색채를 만들어 나간다는 것은 어려운 것이며 더욱이 단시간에 이루기는 더욱 힘들다. 거기에 색에 대한 사람들의 다양한 기호성은 공공의 의식으로서의 기준형성을 더욱 어렵게 한다. 그러나 색채의 조화성에 대해 많은 사람들이 다양한 견해를 가지고 있으면서도 도시의 색채조화에 대해 일정한 성향을 유지하고 있으며, 그것이 도시의 색채조화의 지향을 가능하게 하는 공공의 색채의식이 된다.

서구에서는 일반화되어 부각되지 않는 공공디자인이 개념이 일본과 한국에서는 도시디자인의 중요개념으로 자리잡았던 것과 마찬가지로 환경색채 역시 무질서하게 된 도시를 색채를 통해 바로 잡고자 하는 관점이다. 지금은 환경색채라는 개념이 널리 확장되어 있지만, 일본의 경우 80년대만 해도 거리의 슈퍼그래픽이나 예술작품 등의 부분적인 색채공간이 환경색채라고 인식되었으며, 국내에서는 90년대 후반까지 그렇게 여겨졌다. 아직도 환경디자인의 부분적이고 왜곡된 개념이 확대되어 있는 것과 마찬가지로 환경색채 역시 아파트나 정류장, 간판 등의 부분적인 색채개선으로 여기고 있는 경우도 많다. 이렇듯 도시의 환경과 경관에 대한 관점이 정립되지 않은 상황에서는 추상적인 색채개념과 상품의 색채개념이 도시환경에 그대로 적용되기 쉬우며, 논의를 통해 합일점을 찾아가기보다는 집단정비의 규정색으로 도시를 밀어버리는 경우도 허다하게 발생한다. 환경색채가 도시의 개성을 만들기 보다는 획일화된 도시정비의 도구로 사용되어 버리는 폐해가 이 속에서 발생하는 것이다. 요시다 씨가 일본에서 환경색채디자인을 전개했을 당시의 상황도 지금의 국내상황과 크게 다르지는 않았을 것이다. 아직도 일본의 도시 곳곳에는 혼란스런 색채환경이 무수히 남아있지만, 20여 년간 일본이 도시에서 색채문화를 정비할 수 있었던 데에는 요시다 씨와 같은 전문가의 지속적인 노력이 있었음은 부정할 수 없는 사실이다.

환경색채는 표면적인 색채이면서도 도시의 철학을 반영하는 색이다. 단순히 벼가 많이 나는 곳에 황금색을 쓰고, 사과나무가 많이 나는 곳에 붉은색을 쓰며, 자연을 아름답게 하기 위해 녹색을 쓰는 등의 일차적인 사고로 도시환경을 접하다 보면, 그 공간을 오랫동안 살아온 사람과 문화의 깊이는 사라져 버리고 억지스러운 주장만이 남게 된다. 환경의 색채에 대한 많은 사람들의 이해와 관점이 깊어 질수록 도시의 색채는 풍요로워지고 다양한 개성이 살아 숨쉬는 매력적인 공간이 된다. 그리고 이것은 환경색채 정비만이 아닌 도시에 대한 사람들의 애정의 깊이와 맥락을 같이 하는 도시의 철학을 반영한다.

우리나라도 경관법의 시행을 시작으로 환경색채의 논의가 보다 확산되어 나가리라 생각된다. 이렇듯 경관색채에 대한 관심이 높아지는 것은 좋은 현상이나 외국의 것을 그대로 모방하거나 다른 지역의 색채를 그대로 적용해서는 지역의 색은 개선되지 않으며 오히려 규제의 족쇄만 늘어날 뿐이다. 경관법은 지역의 경관이 지속적으로 발전할 수 있도록 하는 지원법이지, 그 자체가 새로운 참여의 가능성을 침해하는 규제법은 아니다. 최근에 많이 논의되고 있는 창조도시의 출발은 도시가 가진 역사와 문화를 소중히 하고, 그곳에 살아 있는 사람들과의 의견교환을 통해 그것을 색채로 구체화해 나가는 속에서 만들어 진다. 이 책에 나오는 일본의 사례가 환경색채의 관점과 형식을 제시할 수는 있으나 이 자체가 모든 것을 대변하는 것은 아니며, 우리에게는 지역과 그 속에 사는 사람에게 맞는 다양한 방법의 대안이 나와야 한다.

도시는 애정을 먹고 자라는 나무와 같다. 충분한 영양분을 주어야 하고, 사랑으로 가꾸고 때로는 가지를 쳐야 한다. 비바람과 눈보라가 오고 때로는 무더위도 오지만 그 과정을 견뎌낸 나무만이 좋은 열매를 맺고 가을의 아름다운 단풍을 맞이 할 수 있다. 마찬가지로 오랫동안 소외된 도시경관을 돈을 들여 갑작스럽게 거리를 정비하고 아파트 단지를 조성하고, 녹지를 넓혀 간다고 도시는 아름답게 되지 않는다. 도시를 만드는 가장 중요한 것은 전통, 자연, 기후, 역사, 구조와의 조화라는 영양분이며 그것을 만들어나가는 사람들의 애착이다. 환경색채 역시 지역에 대한 사람들의 애착이 만들어 나가는 산물이다.

지금 우리의 환경색채에 필요한 것은 바른 관점을 가진 전문가의 양성과 인식의 확대, 지역의 현실에 기반한 창조적 실천이다. 그리고 이 책은 쉬우면서도 그것을 지향하는 많은 이들에게 훌륭한 지침서가 될 것을 믿어 의심치 않는다.

번역은 이하를 원칙으로 했다.

1. 지역, 사람 등의 고유 명칭은 일본의 원어 발음을 그대로 표기했다.
2. 마치(まち)는 문맥의 흐름에 맞추어 도시, 거리로 나누어 표기했다.
3. 시, 군, 현, 도 등의 행정구역은 한문을 한국발음으로 표기하고 문장 첫 부분에 원어를 기제했다.
4. 외래어는 한국어 표기를 원칙으로 했다.
5. 소학교는 초등학교로 하는 등 한국의 일상 용어로 전환해서 표기했다.
6. 색명은 기본적으로는 한국의 색명으로 전환하되 전환되지 않는 색명은 설명을 추가했다.
7. 직역으로 이해 전달이 어려운 부분은 문맥상 읽는 이들의 편의를 도모하기 위해 한국식 어법으로 바꾸었다.

01

일본의 아름다운 도시

일본의 아름다운 도시

풍경이
되는 색 쟌 필립 랑크로는 프랑스의 전통적인 거리에 대한 색
채조사를 통해 저마다의 거리가 가진 색채적 특징을
『프랑스의 색채』라는 책으로 정리했다. 이 속에 담겨있는 거리
의 풍경은 어느 하나 빠짐없이 매력적이다. 이러한 매력적인 색
채를 가진 도시가 일본에도 있는 것일까. 나는 이러한 의문을
가지고 20대 후반부터 일본의 지역색채를 찾기 시작했다. 나의
대학시절은 민속학과 지역 디자인의 재인식이라는 새로운 흐
름이 일어났지만, 일반적인 디자인은 서구를 쫓아 가는데 필사
적이었다. 풍경은 의식이기도 하다. 해외의 것을 계속적으로 모
방해 온 디자이너에게 일본이 가진 도시의 아름다움은 보이지
않았던 것은 아닐까. 모방이 아닌 프랑스의 전통적인 도시가 가
진 아름다움의 의미를 생각하는 속에서, 나는 습기가 많은 기
후, 풍토 속에서 숙고되어 만들어져 온 일본 도시색채의 아름다
움을 알게 되었다.

중요 전통적
건조물군
보존지구의
색채 일본은 제2차 세계대전에서 엄청난 공격을 받았
다. 그때까지 어디서나 볼 수 있던 수많은 전통적
목조가옥은 불타 없어졌다. 지방에 남아있던 역
사적인 건조물과 거리는 고도경제성장의 과정 속에서 부서졌
으나, 새로운 기능적인 건축물로 바뀌는 과정 속에서 서서히 도

시의 역사적 가치를 되돌아 보게 되었다.

제1장에서는 국가가 지정하고 있는 중요전통적 건조물군 보존지구(이하 전건지구)의 거리색채를 살펴보기로 한다. 전건지구의 건조물은 대부분 목조이고 거기에 사용되어 있는 색채 역시 자연스럽게 한정적인 범위 안에 속해 있다. 전후의 주택에는 화재예방을 위해 다양한 신건축 자재가 개발되어 사용되고 있었지만, 쇼와(昭和)* 초기 무렵까지 일본주택의 대다수는 목조였고 흙과 진흙, 목판으로 마감되어 있었다. 지붕은 기와나 짚 등이 많았고 현재와 같이 자유로운 색채선택의 여지는 없었다. 나무표면이 가진 색채범위는 좁다. 그러나 이 한정적인 색 영역에서 만들어진 거리의 표정은 매우 풍부한 변화를 품고 있다. 선명한 원색을 다용하는 것만이 거리에 즐거움과 윤기를 가져오는 것은 아니다. 오히려 질서 있는 색사용이 개성적이며 인상적인 거리의 표정을 만든다. 이전에 일본 어디서나 볼 수 있던 아름다운 거리의 색사용을 관찰하면 일본 환경색채계획의 방향성이 보이게 된다.

* 서기 1926년 12월 25일~1989년 1월 7일 사이의 일본의 연호.

| 파리의 거리

자연에 녹아 든 취락 - 미야마쵸美山町 (쿄토부京都府)

배경의 산과 일체화된 농촌 취락 미야마쵸는 교토부의 거의 중앙에 위치하고 있는 아름다운 취락으로, 국가의 전건지구로 지정되어 있다.

내가 미야마쵸를 방문한 것은 한 여름의 폭서가 지난 9월 무렵이었다. 그곳은 추수 전의 노란 기운이 드리운 벼이삭과 산의 녹음을 배경으로, 짚으로 된 거대한 지붕이 조화를 이루어 인상적인 풍경을 만들고 있었다. 약 250여 채 남아있는 민가는 목조의 외벽과 짚으로 된 지붕, 암회색의 기와로 구성되어 차분하고 온화함을 가진 저채도의 색군色群으로 정돈되어 있었다. 민가의 형태는 유기적인 자연과 대비되어 있었지만, 그 색채는 주변 자연의 채도를 넘어서지 않으며 자연스럽게 융화되어 있었다. 흰 메밀꽃이 한층 더 눈에 뜨이는 것도, 자연과 동화된 민가의 색채가 배경색이 되어 흰 꽃을 더욱 돋보이게 하기 때문일 것이다.

이끼가 낀 초가지붕 미야마쵸의 민가의 지붕은 이어 고친지 얼마 되지 않은 곳도 있고, 아직 밝은 색조도 섞여 있지만, 대부분의 초가지붕은 낡고 밝음을 잃어 벽면에 사용된 목재에 가까운 색조가 되어 있었다. 세월이 스쳐간 초가지붕에는 이끼가 끼어 있으며, 살아있는 이끼의 선명한 녹색과 바래서 암회색이

경관법을 활용한 **환경색채계획**

된 짚과의 대비는 매우 아름답게 느껴졌다.

여기서는 살아있는 자연이 변화하는 색의 아름다움을 알리고, 민가의 색채는 변모하는 자연의 색을 지지하는 대지를 이루고 있었다. 차분히 가라 앉은 저채도색의 민가가 모여 있는 조화로운 풍경은 결코 어둡거나 지루하지 않다.

눈에 잘 띄는 사인 컬러 취락을 걷다 보면 멀리서는 눈에 띄지 않던 벽면의 세밀한 의장이 보이며, 미묘한 색의 차이까지도 자세히 볼 수 있다. 붉게 칠해진 소화전이 있지만, 여기서는 비교적 작은 설치물도 눈에 잘 드러난다. 주목성을 높이기 위해 경쟁적으로 고채도색을 사용하는 도시에서는 이러한 작은 소화전은 눈에 잘 드러나지 않을 것이다. 미야마쵸의 민가는 자연소재를 사용하고 있어, 그 색채는 자연계의 기조색인 대지의 색채범위에 가깝다. 때문에 삶에 필요한 사인 컬러는 작아도 충분히 그 기능을 다하고 있는 것이다. 이 취락은 대지로서의 자연에 녹아 들어가 산들의 녹색과 메밀꽃의 색채를 그림처럼 돋보이게 하는 아름다운 풍경을 만들고 있었다.

민가의 형태는 주위의 유기적인 자연과는 다소 대비적이지만, 색채는 주위의 자연이 가진 녹색보다 채도
가 낮고 눈에도 잘 드러나지 않는다.

미야마쵸의 초가와 기와지붕은 대부분 무채색이고 배경의 산과 융화되어 있으며, 황색의 벼와 흰 메밀꽃은 계절의 흐름을 알려준다.

취락을 걷다 보면 집 아래에 보존된 농작물 등에서 미야마쵸의 삶을 지켜 볼 수 있다.

느긋한 시간의 흐름 - 하기시萩市 (야마구치현山口縣)

하기시는 야마구치현의 북부에 위치한, 메이지 유신 때 활약한 다카스기 신사쿠高杉晋作와 키도 타카요시木戶孝允가 태어난 곳으로도 잘 알려진 곳이다. 하기시의 전건지구는 호리우치 지구, 헤이안 고지구, 하마사키 지구의 세 지구로 나뉘져 있고 모든 지구에는 차분한 풍경이 감돌고 있다. 이러한 지구를 걷다 보면 돌담이나 진흙 내지는, 기와로 메운 중후한 면의 겹침을 볼 수 있다. 몇 겹으로 쌓아 올린 회색 기와의 작은 입구와 기와 사이를 칠해 메운 짙은 쪽빛 흙과의 대비는 매우 아름답다. 현대의 공업제품에는 없는 독특한 의장으로 정성들여 만들어진 담은 오래 보아도 질리지가 않는다. 벽의 석재와 진흙, 흙색과 그 위에 이어진 암회색 기와와 흐름기와와의 뚜렷한 대비 또한 매력적이다. 이것들은 흙과 진흙으로 만들어져 있어 채도는 낮고 다소곳하지만 질감이 풍부해 농후한 존재감을 느낄 수 있다. 오랜 세월 속에서 상한 곳도 많지만, 더러움과 상처 역시 시대를 알리는 가치를 지니고 있다. 현대는 새로운 건축자재가 끊임없이 개발되어 다양한 건축의장의 표현이 가능해 졌지만, 하기의 전건지구에서 맛볼 수 있는 품격 있는 담은 쉽사리 만날 수 없다. 이렇듯 더러움과 상처를 간직한 품격 있는 소재와 그 소재를 더욱 돋보이게 하는 의장에서 많은 것을 배울 수 있다.

경관법을 활용한 **환경색채계획**

하기의 전건지구에 있는 무사의 주택은 넓고 긴 담에 둘러싸여 있다. 때문에 폭이 좁은 상가가 늘어선 변화 있는 풍경과는 그 풍취가 다르다. 여기서는 시간이 느긋하게 흐르고 있다. 혼잡한 도시 속에서는 웬만해서는 이러한 기분을 맛볼 수 없다. 눈에 보이는 모든 색채의 대비는 평온하여 차분한 산책을 할 수 있기에 긴 담의 가느스름한 의장에도 눈길이 간다.

대도시 토쿄와 같은 일상생활에서는 항상 원색의 강한 정보를 접할 수 있다. 최근에는 통근전차에서도 움직이는 화상을 발견할 수 있으며, 이러한 강렬한 정보를 거부한다는 것은 거의 불가능하다. 항상 강하고 자극적인 외부의 정보를 접하다 보면 사람의 사고도 멈추어버리는 것은 아닐까. 눈이 돌아가게 변화하는 원색의 정보도 매력적이기는 하지만 하기와 같은 사색을 자아내는 풍경이 도시생활자에게 있어 더욱 소중한 것은 아닐까.

하기의 느긋하게 흐르는 강가에는 역사를 느끼게 하는 차분한 집들이 연속적으로 이어져 있다.

하기의 무사의 집터에는 돌담이 남아 있다. 자연석과 흰 진흙의 명확한 대비는 매우 아름답다.

경관법을 활용한 **환경색채계획**

저택을 둘러 싼 담은 매우 풍부한 질감을 가지고 있다. 정성들여 쌓아 올린 암회색의 토기와 흙의 조합은 변화를 품은 다양한 표정을 가지고 있다.

벵갈라색* 의 거리 - 후키야吹屋 (오카야마현岡山縣)

벵갈라색의 거리　벵갈라를 사용한 붉은 벽의 집이 있는 후키야에 관해서는 이미 오래 전부터 알고는 있었지만 실제로 방문한 거리의 색채는 생각한 것보다 강하고 인상적이었다. 후키야는 길 양편에 붉은 기운이 강한 외벽의 집이 길게 늘어서 있다. 이 길을 걷다 보면, 붉은 기운을 띤 색채가 반복되어 있어 한 장의 사진으로 나누어 보는 것보다 그 인상이 강조되어 느껴진다. 일본의 전통적인 건축물은 목재와 흙벽, 진흙벽으로 만들어진 곳이 많아 일반적으로 차분한 저채도색으로 정돈되어 있다. 효고현兵庫縣의 이즈시쵸出石町의 적토벽과 에히메현愛媛縣의 우치코쵸內子町의 황토벽 등, 다른 색맛을 느낄 수 있는 거리도 다소 존재하지만, 그 중에서도 붉은 벽은 특히나 강한 색맛을 가지고 있다.

통일감과 다양성　붉은 후키야의 외벽색은 일반건물에는 그다지 사용하지 않는, 다루기 힘든 색채이다. 이 색채를 일반 주택가의 외벽에 도장하면 주위의 주민들로부터 위화감이 있다고 비난받을 것이다. 그러나 후키야에서 보이는 이 벵갈라색은 아름답다. 후키야의 집의 지붕에는 붉게 탄 얼룩의 강한 기와가 이어져 있다. 또한 벵갈라색의 외벽과 함께 나마코海鼠 벽* 이 목조의 격자와 함께 사용되어 있다. 그러나 벵갈라색과 건축의 형태 디자인, 소재가 적절한 밸런스를 유지하고 있어 붉은 기운의 강한 색조가 떠 버리는 일은 없다. 더욱이 후키야의 벵갈라색은 결코 단일한 색이 아니며 그 속에 미묘한 변화를 가지고 있다. 그러면서도 색이 어떤 일정한 폭 안에 정돈되어 있어, 그 폭 안의 다양한 색얼룩이 거리의 통일감과 함께 적당한 변화를 가져오고 있다.

색채의 관계를 되돌린다 예전에는 본고장에서 생산된 소재와 지역 고유의 건축기술이 거리의 통일감과 다양성의 밸런스를 지켜, 자연과 조화된 아름다운 풍경을 만들었다. 그러나 경제의 발전으로 건축재료가 자유로이 유통되고 지역의 건축기법을 잃어버리게 되면서 도시는 어수선해지고 매력이 얇아져 갔다. 최근 도시근교에 분양된 단독주택을 보면 다양한 색사용이 고안되어 있지만 개별주택의 상품적 가치를 겨루고 있는 것에 지나지 않으며, 거리로서의 통일감을 만드는 것은 그다지 의식하고 있지 않다. 개별적인 주택 몇 채를 화장시켜도 도시경관은 나아지지 않는다. 후키야와 같은 아름다운 도시로 되돌리기 위해서는 색채의 관계성에 착안하여 지역색채의 룰 만들기를 진행해야만 한다.

* 철단색, 홍갈색, 보통 홍병이라고 말한다. 『우리말 색이름 사전』(한국색채연구소).
** 창고 등의 바깥벽에 네모진 평평한 기와를 붙이고 그 이음매에 회반죽을 반원통형으로 볼록하게 바른 벽.

후키야에는 강한 색맛이 느껴지는 집들이 길게 나열되어 있다. 지붕의 기와도 적갈색으로 정돈되어 있고 곳곳에 사용된 흑백의 나마코 벽이 적절한 액센트가 되어 있다.

후키야의 붉은 벽색은 다른 지역에서는 그다지 볼 수 없다. 핑크빛의 색채는 강한 주장을 가지고 있지만, 군(群)으로서 통일적으로 사용하면 거리에 개성적인 아름다움이 생겨난다.

황토색의 겹침 - 우치코쵸 內子町 (에히메현 愛媛縣)

에히메현의 우치코쵸에는 에도 江戸 시대부터 메이지 明治 시대에 걸쳐 목랍 산지로 번성한 거리가 남아있다. 전건지구의 지정을 받은 요우카이치 八日市 고코쿠 護國 지구에는 진흙을 섞어 황토색으로 조색한 외벽을 가진 히라이리 平入り 가옥이 늘어서 있다. 이 황토벽을 측색해 보면, 그것들이 Y옐로우 계의 명도 8, 채도 3 정도의 색수치를 가지고 있다는 것을 알 수 있다. 또한 지붕에는 기와가 놓여져 있는데, 이 기와색의 대부분은 무채색에 가까운 명도 3부터 4정도의 암회색을 중심으로 겹치는 부분이 넓은 것이 특징이다. 이 황토색의 벽에는 흰 진흙과 나마코벽, 나무의 문틀 등이 적절히 조합되어 사용되고 있다. 목랍을 생산하던 혼하가케 주택과 가마하가케 주택은 위풍당당한 상가건축임에도 황토색의 벽은 밝고 부드러운 표정을 가지고 있다.

이 지구를 산책하다 보면 개방적인 점포는 안쪽 깊은 곳까지 보이기도 하여 장인이 물건을 만들고 있는 모습도 보인다. 예전에는 장인이 일 하는 장면을 보다 쉽게 일상적으로 접할 수 있었을 것이다. 다른 전건지구에는 역사적인 건축물은 잘 보존되어 있지만 지역의 삶이 보이는 경우는 많지 않다. 우치코쵸에서는 관광객 상대의 토산품가계가 섞여 있으며, 장인이 일을 하고 있는 점포나 지역의 사람들이 이용하는 미용실 등도 있어 걸어다니는 것을 매우 즐겁게 한다. 건축물만으로는 거리의 풍경이 될 수 없다. 지역의 사람들이 살고 있는 모습이 느껴질 때 거리는 즐겁게 된다. 도심부에서 추진한 지금까지의 경관형성은 도로와 건축물, 교량 등의 정비만을 중시해, 지역사람들의 삶에는 눈을 돌리지 않았던 것은 아닐까. 아무리 외형만을 갈고 닦더라도 제대로 된 풍경을 만들 수는 없다.

벽에 둘러 싸인 작은 길 우치코쵸 요우카이치 고코쿠지구의 길 양편에는 집들이 연속적으로 이어져 있으며, 그 집과 집 사이에는 작은 골목이 나 있어 건너편의 풍경을 엿볼 수 있다. 이 작은 길에 들어서면 양편에 황토색의 길이 다가와 전의 길과는 또 다른 매력적인 풍경을 만날 수 있다. 또한 눈부신 태양빛이 내려쬐는 한여름에도 이 깊숙한 공간에서는 시원함을 느낄 수 있다. 이러한 양과 음의 변화가 이 지구에 심오한 매력을 전하고 있다.

---

* 본전지붕의 용마루가 본전건물의 전면과 평행을 이루는 건축양식.
** 1998년에 지어진 부호의 저택. 국가지정문화재.
*** 1861년 본하가케 2대손의 저택. 현재 목랍 자료관으로 사용.

에도시대부터 메이지시대에 걸쳐 목랍생산으로 번성한 우치코에는 근엄한 상가건축이 남아있다. 외벽은 밝고 부드러우나 황토색으로 정돈되어 있으며 무더운 한여름에도 눈을 찌르는 듯한 눈부심은 없다.

우치코쵸의 거리는 변화가 풍부해 매우 흥미롭다. 길에 접한 상점의 안을 들여다 보면 장인이 물건만들기에 심취해 있는 모습이 보인다. 지역사람들의 삶이 살짝 엿보이는 거리는 매력적이다.

우치코쵸의 거리를 걷다 보면 매력적인 골목과 만난다. 골목은 앞의 거리와는 다른 쓸쓸한 그림자의 표정을 가지고 있다.

검은 기와의 마을 - 카나자와시金澤市 (이시가와현石川縣)

**심오한
즐거움** 전건지구로 지정된 히가시 차야가東茶屋街는 먼 옛날 풍류를 즐기던 찻집茶屋이 모여있던 곳이다. 산책을 하다보면 뱅갈라색의 벽이 보이고 곳곳에는 화려한 분위기도 남아있지만 전체적인 벽은 검고 과묵하다. 또한 지붕도 카나자와 특유의 순검정의 유약 기와가 놓여 있어 차분함을 강조하고 있다. 히가시 차야가에는 이러한 검정이 기조색으로 되어 있어, 화려한 뱅갈라색과 밤의 따스한 등이 투영되는 것일까. 가끔 토쿄에서 일본풍和風의 분위기를 연출하기 위해 외벽에 뱅갈라색을 사용하고 있는 요리점을 만나지만 색온도가 높은 백색의 가로등과 주변의 강렬한 광고, 간판류의 빛에 가리워져 히가시 차야가와 같은 품격을 느낀 적은 없다.

**색을
죽여버린
화려함** 채도가 높은 원색을 다용한 공간만이 화려한 것만은 아니다. 토쿄東京 신쥬쿠新宿의 가부키쵸歌舞伎町와 아키하바라秋葉原에는 눈부신 색광이 화려함을 연출하고 있지만 광고·간판류의 원색에만 눈이 끌려 거리를 걷는 사람들을 멍하게 만든다. 또한 경쟁적으로 채도를 올려 눈부시게 점멸하는 광고는 그것이 그것 같아 보여, 무엇을 알리고자 하는지 알 수가 없다. 히가시 차야가와 같이 색채를 억제한 공간을 만날 때는 진정한 색채의 화려함을 알 수 있다. 현대의 도시는 과도한 색광의 경쟁으로 인해 색이 가진 본래의 아름다움을 잃어 버리고 말았다.

시대를 능수능란히 다룬 감성

카나자와는 '음식食의 마을'로서도 정평이 나 있다. 히가시 차야가에는 역사적인 분위기의 상점만이 아닌, 새로운 감각의 요리점과 세련된 카페가 있다. 외양은 역사적인 거리의 분위기를 지키고 있지만 실내는 현대적 공간으로서 개조되어 있는 점포도 있다. 색온도가 낮은 따스함이 있는 조명과 오래 전부터 사용돼 온 고색古色의 대들보, 기둥을 살린 새로운 공간은 우리들의 미각을 깊게 자극시킨다. 낡고 새로운 실내에는 낙낙한 시간이 흐르고 있다. 그러한 장소에서는 음식은 미각만이 아닌 오감 모두를 움직여 즐기는 것이라는 것을 재인식할 수 있다. 카나자와에는 사이 강犀川과 아사노 강浅野川의 두 개의 강이 흐르고 있으며, 강가에는 수변경관의 특징을 능숙하게 반영한 거리가 펼쳐져 있다. 히가시 차야가에 있는 '히가시야마東山'의 거리풍경은 아사노가와 대교까지 계속되어 있으며, 여기서는 물가의 소리도 거리의 풍경에 있어서 중요한 요소가 된다.

| 히가시 차야가는 전체적으로 명도·채도를 누른 차분한 건물이 늘어서 있다. 이러한 차분함이 있는 거리 속에서 벵갈라색의 외벽은 화려한 분위기를 자아낸다.

| 외벽에 사용된 목재는 시간이 흘러 거무스름해져 있으나 오히려 새로운 흰 목재보다도 품격 높아 보인다. 퇴색할수록 친숙해지는 것이 자연소재의 장점이기도 하다.

| 겨울의 카나자와는 춥고, 색이 없다. 그러나 히가시 차야가에서 보이는 눈은 차분한 목조 건축물과 조화되어 매우 운치 있다.

41

제1장 일본의 아름다운 도시

작은 섬의 전건지구 – 카사지마笠島 (카가와현香川縣)

예전에는 시아쿠 수군塩飽水軍의 본거지로서 번영한 시아쿠혼토塩飽本島는 마루가메丸亀에서 배로 20분 정도의 세토 내해内海에 떠 있는 둘레 16km 정도의 작은 섬이다. 천연의 항구를 가진 카사지마는 이 섬의 북동쪽에 위치하고 있으며, 여기에서는 혼슈本州와 시고쿠四國를 잇는 거대한 세토 대교가 바라 보인다. 현대의 높은 토목기술 수준을 보여주는 거대한 교량이 몇 개의 섬을 연결해 바다를 길게 횡단하고 있는 모습은 감동적이지만, 일반 가옥이 기껏해야 2층 정도인 카사지마의 작은 주택군에서 보이는 세토 대교는 매우 대비적이며 강압적으로 느껴진다. 카사지마에는 에도 시대 후기부터 메이지 시대에 걸친 역사적인 건조물이 잘 보존되어 있으며, 하단부를 지탱하는 지지대나 무시코虫籠 창 등에서 당시의 섬세한 의장을 볼 수 있다.

현재 시아쿠혼토에는 고등학교도 없으며 젊은 사람은 대도시로 빠져나아가 주민은 노인들이 대다수이다. 카사지마의 거리를 걷다 보면 창을 닫아 둔 집도 있고, 생활의 편리함을 찾아 집을 남기고 도시로 이주한 가족도 있다고 들었다. 차가 들어갈 수 없을 정도의 오밀조밀한 길은 매우 조용하며, 걷다보면 집 앞에 말려둔 농작물이 보여 섬의 삶을 살짝 엿볼 수 있는 것이 흥미롭다. 또한 집과 집 사이의 좁은 골목을 들여다 보면 깨끗하고 푸른 바다가 바라보인다.

카사지마에는 표면을 태워 숯으로 만든 판을 외장으로 사용한 집이 많으며 그 중에는 세월이 흘러 노랗게 변색된 흰 진흙과 나마코 벽도 보인다. 지붕은 약간 돌출되어 있는 초가집이 많다. 또한 집의 기반에는 돌을 쌓아 두었는데 이것들을 야라이^{天来}라고 불리우는 고도의 석공기술을 구사하여 정밀하게 조합하고 있다.

섬세한 배려 전건지구로 지정된 뒤로는 보조금이 나오는 곳도 있어 민가의 수리와 개축이 활발하게 진행되고 있다. 전통적인 양식을 지키면서도 건축재는 아직 새로워 더럽혀지지 않은 곳도 눈에 뜨인다. 처음 전건지구로 지정되었을 당시는 집의 수리, 개축에 있어 내부에까지 예전의 양식을 살린 재생을 매우 엄격히 요구했던 것 같다. 현재는 그 규제가 다소 느슨해졌고 특히 실내의 구조는 현대 생활에 맞도록 변해 있다. 역사적인 건조물의 보존도 중요하지만, 사는 사람들에게 있어서는 현재 생활에 맞지 않는 양식을 이어 나가는 것에 대한 반론이 있을 것이다. 역사적 건조물이 보존되어도 사는 사람들이 없어져버린다면 도시는 의미가 없는 것이다.

전통주택의 2층 벽면에 설치된 살이 촘촘히 격자로 된 창

| 작은 시아쿠혼토의 건너편에는 현대의 토목기술을 집대성한 거대한 세토 대교가 보인다. 카사지마의 집들은 암회색의 기와지붕으로 정돈되어 있어 푸른 바다와의 대비가 매우 아름답다.

| 전건지구로 지정된 카사지마에는 재건축이 활발히 진행되어 새롭게 복원된 집도 몇 군데 볼 수 있다. 그것들은 예전과 같이 목재와 돌을 사용하여 지어져 있어 마을에 통일감을 준다.

목재와 진흙벽, 석재, 그리고 기와지붕으로 정돈
된 거리는 적절한 변화를 가지고 있다. 서로 싸우
며 개성을 요구하는 도시근교의 주택가에도 카사
지마와 같은 군(群)으로서의 통일감과 적절한 변
화가 필요하지 않을까.

수운의 마을 - 사하라시佐原市 (치바현千葉縣)

사하라의 거리는 관동에서 얼마되지 않는 전건지구로 지정되어 있다. 사하라에는 목조와 쿠라즈쿠리蔵造り의 마을과 가옥 등의 전통적인 건조물이 많이 남아 있어, 토네 강利根川 하류지역의 상업도시로서 번성한 당시의 풍경을 지금도 전해주고 있다. 사하라는 그다지 큰 마을은 아니지만, 강을 따라 남아 있는 상가건축과 훌륭한 서구식 건축을 통해 예전의 번영을 확인할 수 있다. 느긋이 휘어져 가는 토네 강 주변에는 버드나무가 심어져 있으며 수면에는 배가 떠 있다. 강이 바라다보이는 여관에 머무르며 물길을 따라 떠다니는 배나 강가의 쿠라蔵를 보고 있으면 먼 옛날로 시간이 멈춘 것만 같은 향취를 느낄 수 있다.

사하라에서는 매년 7월과 10월에 큰 축제가 열린다. 이 시기에 수향 사하라 산차회관에서는 마을을 행진하는 산차山車:신을 모신 수레의 일종를 볼 수 있다. 큰 축제에 끌려오는 산차는 규슈九州 카라츠唐津 '오쿤치'의 히키야마曳山와도 유사해, 잉어와 매의 형을 뜬 조형미와 선명한 색사용이 축제의 분위기를 고조시킨다. 일본에는 오래 전부터 '하레'와 '케'라는 개념이 있었다. '케'는 색채가 부드러우며 변화가 적은 일상의 것이다. 그리고 '하레'의 날에는 화려한 색채가 넘쳐 마을의 모습은

경관법을 활용한 **환경색채계획**

일순간에 변한다. 이러한 '하레'와 '케'의 사용 구분이 생활에 적절한 리듬을 만들어 내었을 것이다. '하레'와 '케'의 느슨함과 팽팽함을 이용한 색사용은 현대에도 필요한 개념이다. 매일같이 비일상적인 풍경을 만들며 경쟁하는 대도시의 상업지구에서는, '하레'의 날에 만나는 색채의 우아한 인상을 잃어버리고 말았다. 색과 만나는 감동을 소중히 하고자 한다면 도시에 있어서도 색채를 컨트롤하여 '케'의 표정을 재생하지 않으면 안 된다.

풍경과 미각 느긋한 강을 흐르는 역사적인 거리를 본 뒤는 고장의 음식을 즐겨야 한다. 아름다운 마을에 맛있는 음식이 빠질 수 없다. 역사가 있는 마을에는 술과 된장과 간장 등을 살린 풍부한 식문화가 있다. 지금까지 아름다운 질서를 가진 색사용의 마을을 찾아 일본 전역을 걸어 온 경험에서, 거리와 음식문화에는 깊은 관계가 있다고 여기게 되었다. 마을의 풍경과 양질의 음식문화를 지키기 위해서는 장인의 기술축적과 문화인의 존재가 빠질 수 없다. 이러한 아름다우면서 맛있는 음식이 있는 도시를 즉석에서 만들 수는 없다.

· 옛 건축양식의 창고인 쿠라 만들기를 지칭하는 말.
·· 옛 건축양식의 창고.

사하라는 오래전, 상업도시로서 번창했다. 지금도 수로 주변에는 당시의 거리가 남아 있다. 운하에는 배가 떠 있어, 운치 있는 경치를 볼 수 있다.

사하라에는 시대가 다른 건축물이 남아 있어 마을의 풍경에는 다양성이 있다. 7월과 10월에 행해지는 큰 축제는 많은 관광객이 방문하지만, 활기 있는 '하레'의 날에 보는 운치 있는 건축물 또한 각별하다.

제1장 일본의 아름다운 도시

물이 있는 삶 - 쿠라시키倉敷 (오카야마현岡山縣)

풍경은 지역의 자산

쿠라시키를 방문하는 관광객은 매우 많다. 쿠라시키에는 강가에 남아 있는 호화로운 상가건물들만이 아닌 쇼와 시대에 지어진 오하라大原 미술관과 쿠라시키 방적소의 기와로 된 공장을 재생한 쿠라시키 아이비 스퀘어 등, 시대가 변할 때마다 축적되어 온 자산이 있으며, 이것들을 오늘날까지 잘 활용해 오고 있는 것이 마을의 매력이 된 것이다. 시대와 양식이 다른 건축물이 공존하는 쿠라시키에는 도시를 키워나가는 지성을 느낄 수 있다. 단순히 서양과 비교해 없는 것을 보채거나 개성이 없는 시설을 국가와 지자체가 만들어 내는 것이 아닌, 지역에 있는 것을 키워 나가고자 하는 고향에 대한 주민의 강한 애착을 느낄 수 있다. 이것이 감성과 풍부한 개성의 수변 마을을 만들어 지금도 많은 관광객이 모여드는 것이다. 쿠라시키의 활기는 개성적인 풍경이 지역의 중요 자산이라는 것을 증명하고 있다. 개성적인 지역성을 잃어버린 도시에 사는 사람들은 쿠라시키와 같은 통일감과 개성을 가진 마을을 동경하게 되고 그 생각은 이후에도 점점 강해지지 않을까.

지역의 유전자

미관美觀지구에는 역을 둘러 싼 반대편에 덴마크의 티볼리 공원을 모방한 테마파크가 건설되었다. 이 쿠라시키 티볼리 공원에서는 예전부터 있던 미관지구와는 다른 유럽의 분위기를 즐길 수 있다. 버블경제기의 전후, 일본에는 디즈니랜드를 시작으로 많은 테마파크가 만들어졌다. 그러나 최근은 해외여행의 비용이 저렴해 진 탓일까 이러한 테마파크 붐은 전국적으로 식어 갔다. 관광객을 모으는 것이 담보되지 않아 문을 닫은 시설도 있다. 쿠라시키 티볼리 공원은 덴마크와 같은 본래의 공원처럼 지역 사람들에게는 없어서는 안 될 존재가 된 탓일까. 모방만으로 단시간에 만들어 낸 공간에서는 운하 주변의 미관지구와 같이, 키워낸 지역의 유전자를 보기는 힘들다. 지역에서 커온 분위기는 단순히 어디론가 옮긴다고 해서 만들어지는 것은 아닐 것이다.

색채는 토지의 빛과 같이 보는 방법에 따라 변한다. 일본은 습도가 높기 때문에, 색채가 공기 중에서 흩어져버려 건조한 기후에서 보는 것과 같은 명확한 대비가 없다. 쿠라시키의 미관지구가 가진 아름다움은 일본의 습도 높은 공기 속에서만 맛볼 수 있는 풍경이다.

쿠라시키는 강 주변에 서양풍의 건물이 남아있어 다양한 변화가 있는 거리를 즐길 수 있다. 이 다양한 거리는 면적인 확산을 가지고 있어 주변을 산책하다 보면 운치 있는 경치를 자주 만날 수 있다.

경관법을 활용한 **환경색채계획**

쿠라시키의 거리는 전통을 지키는 것만이 아닌 서
양풍의 상점도 역사적인 건축물과 조화되어 새로
운 풍경을 만들어 내고 있다.

살아 있는 색 - 기온신바시祇園新橋 (쿄토부京都府)

쿄(京)의
음영 쿄토를 산책하는 것은 매우 즐겁다. 계절이 변할 때마다 방문한 쿄토의 마을과 집에서는 다양한 표정이 보인다. 목조로 된 상가의 색채는 변하지 않을지 모르지만 가끔 열리는 축제의 장식이나 여름의 발과 같은 계절에 호응하는 삶의 도구가 섬세한 의장과 함께 거리에 변화를 가져온다.

쿄토에 있는 대부분의 상가에는 가로수가 없다. 그러나 주위를 둘러싼 산들의 풍경과 쿄토인의 삶이 사계절의 변화를 선명히 보여 준다. 상가는 일반적으로 무채색에 가까운 색채가 없는 세계이다. 이러한 채도를 억제한 도시와 만나는 계절의 색은 매우 우아하다. 색이 없는 풍경이 색을 보다 인상적으로 보이게 한다.

색채는 관계에 따라 아름답게도 추하게도 만든다. 직접적 대상이 되는 색채만을 신경쓰다 보면 참된 아름다움을 만들 수 없다. 쿄토의 상가가 가진 아름다움은 계절마다 변화하는 것과, 그것을 받혀주는 채도를 억제한 가옥, 그리고 대부분 무채색인 돌담과의 관계가 잘 조절됨으로 인해 이루어진 것이다.

현대의 일본 도시는 본래 변하지 않아도 좋을 건물색채를 신기함을 찾아 다양하게 연출시켰다. 더욱이 광고 · 간판류에 사용된 색채는 지나치게 잡다해 눈이 어지러울 정도로 변화한다. 변화만이 강조된 환경은 차분함이 없으며, 그 속의 색채는 본래의 싱싱한 힘을 잃어 버린다. 쿄토의 변하는 색채와 변하지 않는 색채와의 조화관계를 현대도시도 배울 필요가 있을 것이다.

먹에 담긴 아름다움 쿄토 신바시와 기온에서 눈에 띄는 요리점의 간판은 백지에 먹으로 가계이름을 적은 조촐한 곳이 많다. 이 쓸쓸해 보이는 무채색의 작은 간판은 풍경과 잘 조화되어 있는 것만이 아닌, 밤이 되고 따스한 등불이 켜지면 이 부근에서 없어서는 안될 액센트가 된다. 경관법이 시행되어 무질서한 광고 · 간판류를 제한하려는 움직임도 있으나 간판이 지역의 풍경을 만드는 경우도 있다는 것을 잊어서는 안 된다. 광고 · 간판류의 디자이너는 그곳에 표현되어 있는 점포와 상품만을 강조하는 것이 아닌, 그것이 놓이는 지역을 좀더 생각해야만 할 것이다. 아무리 눈에 띄는 간판을 걸어두더라도 지역경관의 질이 향상되지 않으면 손님은 오지 않으며 도시는 윤택해지지 않는다. 지역 룰을 정해 그 안에서 경쟁하도록 하면 디자인의 레벨은 올라가게 되고, 질 높은 광고 · 간판류가 늘어나며 마을은 윤택해지는 것이다.

| 쿄토에는 주위의 산들과 시내를 흐르는 강이 일체화된 풍경이 었다. 그리고 그 풍경은 계절과 함께 매력적으로 변화한다.

계절과 함께 변해가는 쿄토의 운치는 섬세하고 매우 아름답다. 여기서는 집 앞에 말려둔 밥함조차도 관광객의 카메라 피사체가 된다. 교토인은 아름답게 사는 기술을 습득하고 있다.

눈 밑에 펼쳐진 동화의 나라 : 시라카와고白川鄕 (기후현岐阜縣)

합리성이 가진 아름다움

시라카와고 하기쵸荻町 지구는 1976년 국가의 전건지구로 지정되었다. 더욱이 1995년에는 유네스코 세계 유산에도 등록되었다. 히다 타카야마飛驒高山에서 차로 50km 정도 북서에 위치한 시라카와고를 향하다 보면 작고 높은 고개를 따라 취락의 전경이 지나간다. 이 고개에서 굽어보이는 갓쇼츠쿠리合掌造의 취락은 정돈된 감이 있어 마치 동화의 나라와 같아 보인다. 주위의 산들에 둘러싸인 민가의 지붕은 대부분 대지의 색과 동화되어 있다. 색채는 그 속에 녹아 들어 갓쇼츠쿠리의 인위적인 형태만이 자연계에 떠 있는 듯해 보인다. 자연의 경치에 비해 급한 사면에 정돈된 거대한 지붕은 매우 개성적이고 매력적이다. 색은 눈에 띄지 않으며 그 안에는 이끼가 끼어 있어 본래의 지붕색이 보이지 않게 된 곳도 있다. 채도는 주변에 살아있는 수목이 더 선명하여 눈을 끌지만 형태는 갓쇼츠쿠리의 지붕이 더 눈에 들어온다. 이 색과 형의 밸런스가 자연과 일체화된 아름다운 경치를 만드는 것이다. 독일의 건축가 브르노 다우트는 서민이 만든 시라카와 마을의 갓쇼츠쿠리에 감탄해 『일본 미美의 재발견』을 썼다고 알려져 있지만 고개에 서서 눈 밑에 펼쳐지는 이 취락을 보고 있노라면 눈이 많은 이 땅에 오랜 시간을 걸쳐 시행착오를 반복해 합리적인 양식미美를 취득한 인간의 지혜에 감탄하게 된다. 시라카와고에

경관법을 활용한 **환경색채계획**

닿을 때까지 보였던 주택은 경제적으로 풍요로우며 높은 기술력을 지닌 최근에 만들어진 것이다. 그러나 몇 군데의 집이 모였을 때의 풍경은 빈약하며 결코 아름답다고는 말할 수 없다. 일본의 현대도시는 기술의 진보로 지역의 혹독한 기후를 극복했으나, 그 여유는 미로 향하지 않고 오히려 경관의 혼란을 불러 일으키고 말았다.

변해가는 풍성한 풍경 내가 이 취락을 방문한 것은 푸른 하늘에 산의 녹음이 비치던 여름이었다. 관광객은 많았고, 손님이 많은 음식점과 그곳에서 흘러나오는 큰 음량의 음악도 흥미로웠지만 차가 진입하기 힘든 굽고 좁은 길을 걷다 보면 풍경의 다양한 변화 속에 더 큰 재미를 느낄 수 있다. 도시의 정방형 도로에는 구획정리로 인해 이러한 재미있는 변화를 만날 수 없다. 갓쇼츠쿠리의 집은 자연의 나무와 흙, 억새를 재료로 하여 만들어져 있어 자연계의 기조색과 동화하고 있다. 시라카와고에서 눈을 끄는 것은 자연의 꽃과 나비이다. 취락의 색채는 자연의 외관을 저해하지 않는다. 그로 인해 여름의 풍성한 자연의 색 등 모든 것이 그 혜택을 누리고 있다.

＊ 민가의 건축양식의 하나. 거대한 나무기둥을 뼈대로 한 지붕이 특색인데, 지붕은 억새로 두껍게 임. 맞배집이나 팔작집 구조이며, 지붕 밑 다락이 3, 4층에 이르는 데, 누에 치는 방 등으로 이용되었음. 대가족제 주거이며, 시라카와고 등에 많이 남아있음.

깊은 산으로 둘러싸인 시라카와고의 민가는 이 땅
의 혹독한 기후를 견딜 수 있는 합리적 형태를 가
지고 있다. 갓쇼츠쿠리의 민가가 모여있는 모양은
마치 동화의 나라를 보는 것만 같다.

갓쇼츠쿠리의 민가를 가까이서 보면 우비를 덮어
쓴 사람이 걸어가는 듯이 보여, 느긋하고 약간은
유머스러운 느낌이 든다.

시라카와고의 민가는 눈에 띄지 않는 차분한 색채 범위에 들어가 있다. 이 민가의 색채는 변하지 않아도 자연의 색이 각각으로 변한다. 저명도·저채도의 민가가 가진 변하지 않는 색이 자연의 변화를 인상적으로 보여주는 것이다.

현대의 도시

변모하는 일본의 도시 지역에서 난 건축재를 사용해 만들어져 온 전통적인 거리는 군(群)으로서의 통일감을 가지고 있지만, 건축 재가 자유롭게 유통되고 다양한 화학안료로 채색된 현대의 건축물군은 그 통일감을 잃어버리고 말았다. 현대의 일 본도시의 색채는 매우 혼란스러운 상태이다. 이러한 상황은 아 시아적이기도 하고 시대가 만든 재미있는 경관이라고 말하는 사람도 있다. 또한 토쿄 신쥬쿠(新宿)의 가부키쵸(歌舞伎町)나 아키하 바라(秋葉原)의 전기거리와 같은 무질서한 경관에 흥미를 가진 외 국인의 수도 적지 않다. 빌딩의 소유주나 건축설계자는 항상 건 축의 외양에 해로운 표현을 찾는다. 개발업자도 맨션의 상품가 치를 높이기 위해 타사와의 차별화를 강조한다. 인터넷을 통해 입수되는 세계의 정보는 도시의 변모에 박차를 가하고 있다. 그 러나 개개의 건축물이 신기함만을 쫓는다면 경관은 결코 좋아 질 수 없다. 최근의 재개발 등에서는 전체의 통일감을 만들어 내는 방법이 모색되고 있으며, 여러가지 실험이 행해지고 있다.

현대의 일본도시 예전의 가옥은 기본적으로 지역에서 생산된 건축재 를 사용해 만들어져, 색채는 지역 자연계의 기조가 되는 흙과 돌, 모래와 수목, 나무껍질과 거의 일치해 있었다. 이 것들의 색군(群)은 구체적으로는 YR(옐로우 레드)계이거나 Y(옐로우)계의 저채도의 영역이었다. 이러한 한정적인 색채범위를 주의깊게 관찰하면 현대의 범람한 도시도 받아들일 수 있다는 것을 알 수 있다. 일본의 현대도시에는 다양한 색채가 넘치고 있으나 광고·간판류를 제외한 건축물의 기조가 되는 벽면에 눈을 돌리면 그들의 색채가 비교적 좁은 범위 안에 있다는 것을 알게 된다. 역사적인 거리에서는 볼 수 없던 유리와 금속판 등, 건축재는 다양화되고 있지만 그러한 새로운 소재도 저채도의 차분히 가라 앉은 색영역에 집중되어 있다.

저채도색을 기본으로 하는 도시의 기조색 도심부에서도 아름다운 경관이라고 불려지는 몇 군데의 지구가 있다. 기와지붕의 역을 남기고 고층의 오피스 빌딩의 재건축이 진행되는 마루노우치丸の内, 계획적으로 정비가 진행되었던 니시 신쥬쿠西新宿, 새로운 토쿄의 얼굴이 된 롯폰기 힐스 주변에서는 단일 건축물만이 아닌 군으로서의 질서를 느낄 수 있다. 이러한 질서를 가진 지구의 색채를 살펴보자.

마루노우치

간판이
없는
아름다움
토쿄역에서 가까운 마루노우치의 나카토오리丸の内仲
通는 최근 새롭게 보수되어 세계의 유명점들이 줄을
잇는 품격 높은 가로 공간이 되었다. 이 거리를 걷다
보면 점포의 돌출간판이 없다는 것을 깨닫게 된다. 간판은 건축
의 파사드에 평행으로 품위 있게 붙어 있으며, 이러한 일류 점
포의 간판 그래픽디자인을 보고 걷는 것만으로도 즐거움을 느
낄 수 있다. 돌출간판이 없는 것이 도시경관에 얼마만큼 차분함
과 품격을 가져오는지를 이 거리는 알려주고 있다. 일본의 가로
에는 잡다한 정보가 넘쳐 여유 있게 걷는 것도 힘들 정도지만
여기서는 보행자가 차분한 마음으로 품격 높은 도시경관을 즐
길 수가 있다.

품격 있는
가로
나카토오리에 접한 건축물의 파사드는 저채도의
색군으로 정리되어 있다. 그리고 1층에는 세계 일
류점포의 쇼윈도우가 화려함을 경쟁하고 있다. 도로의 포장도
무채색계열로 정돈되어 윈도우 디스플레이나 화단의 꽃, 거리
조각의 연출 등을 두드러지게 한다. 채도가 억제되어, 배경이
된 거리경관에 녹아 들어가 있는 건축 파사드와 도로포장을 주
의 깊게 관찰하면 그곳에는 품격 있는 디자인이 있다는 것을
알 수 있다. 건축 파사드와 도로포장은 과묵하여 보행자가 적극

경관법을 활용한 **환경색채계획**

적으로 관찰할 때만 풍부
한 표정을 볼 수 있으며,
이러한 기본적인 것들은
웬만해서 일본의 다른 가
로에서는 경험할 수 없다.
마루노우치의 가로는 과묵
하고 조용하지만 매우 풍
요롭고 아름답다.

지역의 상징을 살린다 적색 기와의 토
쿄 역은 이 지구
의 상징이 되어
있다. 이 빨간 기와의 토쿄
역을 둘러 싸고 있는 오피
스 빌딩군에도 재건축이
진행되고 있으며 거의 저
채도의 색군에 들어가 있
다. 그러나 이 주변 고층화
의 선두에 있는 토쿄해상
건물은 토쿄 역과 같은 색
채의 빨간 타일을 사용하
고 있어 눈길을 끈다. 이

마루노우치 나카토오리의 보도는 자연석이
깔려 있어 차분한 경관을 만들고 있다. 적당
히 배려된 모뉴멘트와 크게 성장한 가로수
가 거리에 윤택함을 가져온다.

붉은 토쿄해상 건물은 저명한 건축가의 설계에 의해 수준 높은 건축물이 되었지만, 주변의 저채도 색군과 비교해 채도가 높아 다소 대비가 강하다. 토쿄해상 건물 자체는 중후한 형태와 기와의 색채가 잘 조화되어 있어 쇼와 시대의 명 건축물이라고 생각되지만 기와의 색은 이 지구의 상징인 토쿄역만 사용하는 편이 경관적으로 명쾌하다고 생각된다.

| 마루노우치의 나카토오리에는 점포의 돌출간판이 없는 품격 있는 지구를 구성하고 있다. 그곳에서는 세계의 고급 브랜드점의 사인 디스플레이와 윈도우 디스플레이를 즐길 수가 있다.

경관법을 활용한 **환경색채계획**

MM21지구와 포트 사이드 지구

백색 기조의
해변도시 요코하마시는 일찍부터 시가지와 항구주변
의 색채 컨트롤과 역사적인 건축물의 보존에 힘
을 쏟은 결과, 지역마다의 완성도 높은 매력적인 풍경을 키워
왔다. 도심부에서 가까운 매립지에 새롭게 건설된 미나토미라
이 21지구에서도 색채조정을 통해, 도시의 외벽을 밝은 고
명도의 색으로 정돈하고 있는 중이다. MM21지구의 건축물군이
만들어 내는 스카이라인은 요코하마에는 지금까지 없었던 현
대적인 도시경관을 만들고 있다.

도시 디자인의
도전 MM21지구에는 새로운 건축물뿐만 아니라 역
사적인 건축물도 잘 활용되고 있다. 석조의 부
두와 붉은 벽돌창고는 새로운 현대건축물만으로는 만들기 힘
든 품격 높은 경관을 만들어 내고 있다. 단지 역사적 건조물을
남기는 것만이 아닌, 새로운 건축물의 벽면으로 이어지는 게이
트와 같은 형상으로 디자인하여 역사적인 붉은 벽돌창고로 시
선이 흘러가도록 하는 경관적인 배려도 이루어지고 있다. 건축
자체보다 지구 전체의 경관구조를 소중히 하여 몸으로 느낄 수
있는 분위기를 만든다.

MM21지구와 배로 연결되어 있는 초고층 주동이 늘어선 포트사이드지구는 보기 드문 신비로운 색채로 정돈되어 있다. 여기의 테마 색채는 블루 그린과 테라코타색이다. 이 색채는 포트사이드지구에 최초에 지어진 마이켈 그레이브스 설계의 초고층 주동의 외장색이며, 그 후 건설되는 건축물의 기조색으로 가이드라인에 정해졌다. 그레이브스는 이전에도 깊이 있는 블루 그린과 테라코타색을 사용한 건축물을 여러 곳에 설계했었다. 블루 그린계열의 건축외장에 익숙하지 않은 일본에서 이 색채를 제대로 사용한다는 것은 쉽지만은 않았지만, 요코하마시의 높은 경관조정 능력으로 인해 개성적인 기조색의 거리를 실현시켰다. 환경색채계획은 조사를 통해 지역의 축적된 색채를 파악해, 그것들을 살려가는 것을 기본으로 한다. 그러나 포트사이드지구에서는 미국으로부터 가져온 색채를 세밀한 조정을 통해 새로운 지구색채로 키워냈다. 이것은 일찍이 경관행정에서부터 색채를 통한 거리형성을 적극적으로 실행해 온 요코하마였기에 가능했을 것이다.

경관법을 활용한 **환경색채계획**

| MM21지구에는 특징적인 스카이라인을 가진 건축물이 늘어서 있다. 건축의 외장색은 흰색이 기조가 되어 있으며, 지구 내에 남아있는 붉은 벽돌창고는 흰 현대건물과 대비되어 역사성이 강조되어 있다.

| MM21지구에 근접한 포트사이드지구는 블루 그린과 테라코타색이 테마색채로 되어 있다. 이 지구는 예술을 접목한 거리만들기를 행하고 있어, 에토르 소트사스(Ettore Sottsas)의 선명한 색채의 모뉴멘트는 한층 더 눈을 끈다.

록폰기 힐스

메탈릭과
브릭 브라운
록폰기 힐즈의 모리타워는 건물의 높이와 특징있
는 형태로 인해 토쿄의 새로운 랜드마크가 되었
다. 그 옆에는 메탈릭 그레이의 타워와는 대비되는 붉은 느낌이
강한 주거동이 있다. 이 주거동을 가까이서 보면 브릭 브라운과
깊은 블루가 함께 배색되어 있어 그 붉음이 보다 강조되어 보
인다. 원경에서는 타워와 레지던스의 대비에 다소 위화감이 느
껴지지만, 근경에서는 건축물의 발 아래에 사용되고 있는 베이
지계열의 석재가 이 대비를 완화시킨다. 구역 안을 걷다 보면
대비적인 두 색채가 오피스와 레지던스라는 공간의 기능을 잘
사인화해 알기 쉽고 명쾌한 경관을 만들고 있는 것이 느껴진다.

질감이
있는 석재
대비가 강한 메탈릭 그레이와 브릭 브라운을 연결
하고 있는 것은 타워의 저층부와 호텔에 사용되어
진 베이지색의 석재, 풍부한 수목의 녹색일 것이다. 66 프라자
부터 연못이 있는 모리정원으로 내려오는 동선에서는 고층부
에 사용되고 있는 메탈릭 그레이가 거의 의식되지 않는다. 내츄
럴한 질감이 있는 사암계의 석재가 풍부한 녹색과 조화해, 오피
스의 차가운 메탈릭과 유리의 분위기를 완화시킨다.

모리타워의 발 밑에는 사람이 쉴 수 있는 공간이 마련되어 있다. 채도를 억제한 목재와 타일로 완성된 광
장은 이벤트에도 활용되고 있다.

록폰기 힐즈는 급한 경사의 특징을 살려 계획되었
다. 그 때문에 올려볼 수도, 내려볼 수도 있는 등 시
점이 다양하며, 걷다 보면 다음으로 이어지는 새로운 경관을 만
날 수 있다. 활기 있는 상업공간, 초고층 타워에서 보이는 토쿄
의 경치, 물과 녹색의 정원, 차분한 거주공간 등 짧은 시간에 변
화하는 연속성은 매우 흥미롭다. 이 정도의 풍부한 경치를 일시
에 체험할 수 있는 곳은 다른 예를 찾기 힘들다.
록폰기 힐즈의 다양한 경관은 계획적으로 만들어졌고 색채도 그
경관형성에 유효하게 움직이고 있다. 그러나 이 거리는 이제 막
완성된 것이다. 긴 시간의 경과를 통해 맛볼 수 있는 깊은 분위
기는 아직 없으며, 반대로 지나치게 인공적으로 연출된 경관이
다소 신경쓰이는 곳도 있다. 이러한 대규모의 부지에 계획적으
로 만들어진 경관을 향후 어떻게 키워나가는지 지켜 보고 싶다.

록폰기 힐즈의 모리타워는 특징적인 형태로 토쿄의 랜드마크가 되었다. 인접해서 건설된 주거동은 모리타워와는 대조적인 벽돌색의 색채가 사용되었다.

니시 신쥬쿠

**다양한
조형의 시도** 니시 신쥬쿠에서는 고층 건축물이 줄지어 서 있
는 신도심의 풍경을 볼 수 있다. 이 지구의 건축물
을 관찰하면 그 색채가 들쭉날쭉한 것을 느낄 수 있다. 최근의
재개발계획 등에서 실시되고 있는 색채 컨트롤이 신쥬쿠의 부
도심계획 당시만 해도 아직 일반적이지 않았기 때문에 개별적
으로 고안된 색채표현이 축적되어 버렸다. 검은 커튼 벽의 신쥬
쿠 미츠이 빌딩, 황토색의 센츄리 하얏트, 메탈릭한 스미토모 빌
딩, 무채색의 그라데이션을 사용한 아일랜드 타워 그리고 녹색
의 그린 타워 등, 각각이 개별적으로는 재미있지만 지구 전체의
경관으로서의 정돈된 감이 결여돼 있다. 더욱이 다양한 형태의
시도도 독자적으로 행하고 있어 경관적으로 다소 부조화된 인
상을 받는다.

**온화한
환경** 이러한 건물상호간 관계는 미흡해도 크게 자란 가로
수가 이 지구의 경관에 윤기를 가져다 준다. 비교적 최
근에 건설된 아일랜드 타워의 녹음에 둘러싸인 선큰 가든sunken
garden * 은 업무의 쉬는 시간에 안락함을 제공하는 공간으로서
사랑받고 있다. 이 광장에 설치된 몇몇 환경조각도 인상적이다.
특히 로버트 인디아나의 'LOVE' 는 강렬한 색채가 한적한 공간
의 훌륭한 액센트가 되어 새로운 도시적 풍경을 만들고 있다.

도시경관의 형성에는 건축외장만이 아닌 외부 구조의 색채도 중요한 요소이다. 종합적인 색채 컨트롤은 많은 사람이 모이게 하는 아름답고 윤택한 공간을 만들어 낸다.

색채 컨트롤의 필요성 도시 디자인에서는 색채 컨트롤이 빼놓을 수 없게 되었다. 개별 건축물의 질적인 높이만으로는 아름다운 거리를 만들 수 없다. 건축물간의 상호관계를 조정하면 거리는 한층 더 풍요로워진다. 건축은 독자적으로 존재할 수 없으며 도시경관을 구성하는 중요한 요소로서 존재한다. 또한 가로 등의 공공 공간과 건축의 외부구조계획과의 색채조정도 중요하다. 니시 신쥬쿠에 있는 대부분의 건축물은 건물 아래에 공개공지가 마련되어 있지만 여기서 사용되고 있는 포장재와 보도의 색채적 부조화도 눈을 띈다. 이러한 부조화를 개선하기 위해서는 지구에 적합한 색채 가이드라인의 책정이 필요할 것이다.

침상원(沈床園). 지면보다 한 층 낮은 정원.

니시 신쥬쿠에는 초고층건물이 숲을 이루고 있다. 이러한 초고층건물에는 흑색, 갈색, 녹색 등의 외장색이 사용되고 있어 다소 부조화된 느낌을 받지만 크게 자란 가로수가 이 대비를 완화시켜 준다.

무채색의 그라데이션으로 채색된 아일랜드 타워 앞 광장에는 진한 빨강의 모뉴멘트가 서 있다. 차가운 초고층 전물군 속에서 새로운 도시적 풍경을 만들고 있다.

02

고채도화하는 일본의 도시

고채도화하는 일본의 도시

난잡한
일본의
도시경관 질서 있는 도시경관을 바라는 목소리는 점점 커지고 있으나 여전히 많은 곳의 도시경관은 난잡하다. 도시에는 복잡한 부분도 필요하지만 복잡한 분위기가 전체를 덮어버리는 것은 바람직하지 않다. 주목성이 높은 원색의 사용빈도는 도시부를 중심으로 높아지고 있다. 눈에 띄는 것이 요구되는 광고·간판류에 고채도 원색의 사용은 예상되나, 본래 온화한 자연소재의 색채범위에 들어있던 도시경관에 원색만을 사용하는 것은 문제가 있다. 최근에는 인쇄된 대형 필름으로 건축물을 덮는 수법도 개발되어 상가건축의 외벽이 광고의 미디어로서 사용된 예도 많다. 단색의 도장에 멈추지 않고 다양한 그래픽으로 표현된 상가도 증가하고 있다. 또한 차분한 주택가에도 원색으로 도장된 집이 늘어나고 있다.

룰이 없는
경쟁이 부른
혼란 건축 디자인을 검토할 때는 외부 입면도가 그려지지만 이 도면에는 옆에 있는 건축물은 표시되어 있지 않은 경우가 대부분이다. 지금까지의 건축설계는 개별적인 외관의 디자인만을 다루어 왔다. 광고는 항상 강한 구매자극을 요구하며 거대해지고 있으며 주목받기 위해 서로 다투고 있다. 이러한 경쟁 속에서 공공시설 역시 안전성을 높인다는 이유로 도로를 붉게 칠하고 눈에 띄는 선명한 색조의 방호벽을 설치하고 있다. 일본의 도시는 원색이 만연한 잡다하고 혼잡한 경관이 되어 버렸다. 색채는 물체와 배경의 관계를 정리하지 않고서는 본래의 힘을 발휘할 수 없다. 도시에 사는 사람들에게 있어 어떤 정보가 어느 정도 필요한지를 정하고, 그 순위에 따라 색채사용을 컨트롤하지 않는다면 적절한 정보를 얻는다는 것은 불가능하다.

전건지구에서는 작은 간판도 비교적 잘 눈에 뜨인다. 작은 마을에는 노출된 정보가 비교적 적기 때문에 쉽게 그 존재를 인식할 수 있다. 복잡한 도시에서 정보를 줄인다는 것은 매우 어렵겠지만 그 효과는 실로 크다. 예를 들어 파리의 거리에서는 길을 헤맬 때 외벽에 부착된 도로명의 표시가 정돈되어 있어 길에 익숙하지 않은 관광객에게도 매우 잘 보인다. 이러한 알기 쉬움은 정돈된 건축색채에 의해 만들어진다. 배경으로서 정리된 외장색과 적절한 정보량이 관광객들에게도 알기 쉬운 도시를 실현시키고 있는 것이다.

| 도심의 건축색채는 지나친 색채경쟁으로 인해 무엇을 표현하고자 하는지 알 수 없게 되었다.

경관법을 활용한 **환경색채계획**

일본의 도로 주변경관은 원색의 간판으로 채워져 있다. 또 상가건물의 외벽에도 원색의 광고가 넘치고 있다. 더욱이 건축의 외부 벽면은 고채도색이 경쟁적으로 사용되고 있다. 그곳에서는 화려한 원색을 사용하기 때문에 모든 간판이 비슷해져 버려 광고의 자극적 효과는 없어져 버리게 된다.

가까운 도시의 번잡한 색

색채 컨트롤의 필요성 번잡색으로 불려지는 어수선한 색채가 도심부를 중심으로 증가하고 있다. 도시생활에는 드러나지 않으면 안 되는 것도 다수 존재하고, 고채도색의 사용이 필요한 경우도 물론 있지만 주변과의 관계를 배려하지 않은 독선적인 색사용은 문제가 있다. 도시의 색채는 생활자에게 필요한 정보의 중요도에 따라 그 채도를 컨트롤해야만 한다. 또한 공공 공간에 나타나는 건축물의 외벽과 도로, 교량의 색채가 지금도 개인의 취향에 따라 선택되고 있는 예가 많다. 때로는 잘못된 색채 디자인 사고에 의해 잘못된 색채가 컨트롤되지 않은 채로 범람하고 있다. 이러한 번잡색의 환경을 바꾸기 위해서는 우리 주변의 색채를 좀더 자세히 살펴봐야 한다. 여기서는 내가 살고 있는 카나가와현神奈川縣 카와사키시川崎市의 타카츠高津의 색채문제를 예로 들겠으나 이와 같은 사례는 일본 어디서나 발견할 수 있다.

타카츠의 번잡색 타카츠는 카와사키현의 중앙부에 있으며 타마 강을 사이에 두고 토쿄도와 접해 있다. 타마강을 따라 '타마의 요코야마橫山'로 불리우는 언덕이 이어져 있어 공장이 많은 카와사키 연안부와 비교해 풍부한 물과 녹음의 혜택을 받고 있다. 또한 에도 시대에 번성한 오오야마大山 가도에는 현재에도

몇 군데에 쿠라가 남아있어 언제나 먼 옛날의 향수를 느낄 수 있다. 내가 초등학교를 다닐 때에는 지역 명산품인 타마 강 배를 재배하던 농가도 많았고, 지역을 흐르는 리카료 용수로라는 지역 용수로를 따라 곳곳에 배밭이 있었다. 그러나 이곳은 최근 동경으로 출근하는 교통편이 편리해 주택지 개발이 급속히 진행되었고, 특히 고층맨션이 많이 건설되었다. 인구는 20만을 조금 넘고 현재에도 늘어나는 추세다. 새로이 타카츠에 살기 시작한 주민도 많아 새로운 고객을 유치하기 위한 광고·간판류도 급속히 늘어나고, 부근의 미죠노구치溝の口 역 앞에는 방치자전거가 넘치고 있다. 또한 지금까지 합의된 지역의 약속이 지켜지지 않는 탓인지 공공 공간에는 주의를 요하는 표식어도 많이 걸리게 되었다. 여기뿐만 아니라 일본의 인구가 집중하는 동경부근은 어디에나 같은 문제에 직면하고 있다. 인구가 감소하고 있는 지방에서도 도시에서 조금 떨어진 간선 도로상에서는 대형간판류가 도로 주변경관을 화려하고 잡다하게 만들고 있다. 상업지구에는 활기가 필요하지만 주택지와 녹색이 많은 농지까지 원색이 침투하고 있는 상황은 개선되어져야 한다.

색이 제각각인 주택

주변환경을 무시한 맨션의 외장

타카츠에는 많은 맨션들이 지어져 있다. 그 맨션들은 보통 온색계열의 저채도색을 기조로 하고 있지만 이 부근에는 존재하지 않는 색채를 억지로 사용한 예도 보인다. 타카츠의 오오야마 가도에는 진흙을 바른 쿠라도 남아 있어 그러한 역사적 경관의 보존을 바라는 주민도 많다. 그러나 최근 건설된 맨션은 이런 역사성을 배려하지 않고 억지스럽게 새로움만을 강조하는 곳도 늘고 있다. 대규모 맨션 단지는 지역 경관에 대한 영향력이 커, 외부 구조를 포함한 디자인이 좋은 경우는 지역의 큰 자산이 되지만 그러한 양질을 가진 건물은 많지 않다.

니카료 용수 수변의 모던한 맨션

니카료 용수로 주변에도 많은 맨션이 건설되어 있다. 특히 모던한 그레이에 진한 빨강을 액센트 색으로로 사용한 맨션이 많이 시공되었다. 처음은 새로운 배색에 다소 신선함도 느꼈지만 반복하여 원색의 빨강을 보다 보면 입이 다물어지고 만다. 물의 흐름과 그 방벽에 심어진 매화를 즐길 때도 의지와는 상관없이 이 강한 빨강이 눈에 들어 온다. 맨션만을 담은 전단지를 보면 매력적인 색 사용일 수 있으나 지역의 풍경을 즐기려 할 때는 이 원색이 방해가 된다. 맨션의 외벽은 주장이 지나치게 강하지 않도록 하여

경관법을 활용한 **환경색채계획**

배경의 풍경에 녹아 들어가게 하는 것을 기본으로 한다. 맨션의 건설사 역시 주택을 상품으로서만 취급할 것이 아니고 지역의 경관자산으로 생각하여 계획해야 할 것이다. 또한 구입자도 이러한 점을 고려하여 주택을 선택할 필요가 있다.

청색과 적색의 금속 지붕　맨션뿐만이 아닌 개인주택에도 각양각색의 색채가 사용되고 있다. 일본의 전통적인 주택의 지붕색은 항상 저명도·저채도의 영역에 들어가 있었다. 그러나 전후 보급된 아연철판지붕과 시멘트 기와에는 선명한 적색과 청색, 녹색이 주로 사용되었다. 최근의 주택에도 많이 사용되는 착색 슬레이트와 금속지붕재료는 흙색과 이끼와 같은 저명도·저채도색으로 많이 바뀌었지만, 금속지붕에는 아직도 선명한 청색과 녹색이 많이 남아 있다. 타카츠 구역 내의 주택과 공장에도 이 파란 금속지붕이 주로 사용되어 있다. 타카츠에는 언덕이 많아 주택의 지붕색이 내려다보이는 시점 역시 많다. 자연의 녹색보다 눈에 드러나는 선명한 지붕색은 온화한 자연의 변화를 느낄 수 없게 해 버리고 만다.

니카료 용수로 주변의 진한 빨강의 액센트 색을 사용한 맨션. 꽃보다도 선명한 원색을 매일 같이 보다 보면 온화한 자연의 변화를 느낄 수 없게 된다.

타카츠는 언덕이 많기 때문에 주택의 지붕이 잘 보인다. 적색과 청색의 지붕은 주목성이 높아 시원한 자연의 파란 하늘과 윤택한 수목의 녹음을 보기 힘들게 만든다.

경관법을 활용한 **환경색채계획**

고채도의 건축 외장색

**선명한
노인간호
보건시설** 사진89쪽 위은 노인간호 보건시설이다. 이 시설이 지어져 있는 배후의 산에는 신사가 있다. 녹색으로 둘러 싸여 있던 신사는 선명한 색채의 시설과 맨션에 둘러 싸여져 멀리서도 잘 보이게 되어 노인간호 시설은 노인들이 건강하게 지낼 수 있도록 하고자 하는 염원 탓인지 높은 채도를 곧잘 사용한다. 이것은 상품의 색채계획에서 곧잘 사용되는 컬러 이미지 전략을 오해해서 응용하고 있는 예이다. 나는 몇 군데의 지자체에서 경관 어드바이져를 위탁받아 색채조정을 행하고 있지만, 그 중에서도 핑크의 노인간호 시설의 외장이 자주 문제가 된다. 건축설계자나 건물주의 설명으로는 핑크는 노인을 건강하게 하는 색채라고 하지만 색채심리를 단순히 해석하여 건축외장에 적용하는 것은 문제가 있다.

**미조노구치 역
앞의 상업건물** 사진89쪽 아래은 미조노구치 역 앞의 상가건물이다. 미조노구치 북측 출구는 재개발에 따라 보행자 데크가 정비되어, 보행자는 자동차와 분리되어 안전하게 보행할 수 있게 되었다. 역의 남쪽 출구에는 언덕이 있으며 내리막의 경사면에는 푸르른 녹음이 펼쳐져 있다. 남쪽은 이제부터 역 앞 광장의 정비가 시작되지만, 전체의 경관 이미지를 검토하기도 전에 핑크와 그린을 사용한 상가건물이 건설되었다.

카와사키시는 경관조례를 가지고 있어 색채에 관한 정비도 행하고 있었지만 명확한 색채기준을 갖고 있지 않아 이러한 색채의 건물이 생겨나게 되었다. 남측 출구는 아직 경사면에 녹지가 있어 시민에게 친숙한 공간이다. 상업건물의 성격상 활기의 연출도 필요하지만 고채도색이 오히려 주변의 풍요로운 녹음의 연출을 저해한다는 것을 생각해야 한다.

녹색의 스포츠 시설　　미조노구치 역 주변건축물의 외장에서 큰 면적을 접하고 있는 기조색은 거의 YR^{옐로우 레드}계열과 Y^{옐로우}계열의 색상에 한정되어 있다. 그러나 역 가까이에 있는 스포츠 시설에 사용되고 있는 G^{그린}계열의 색상은 주변에는 거의 존재하지 않기 때문에 대비적이며 눈에 잘 드러난다. 이 건물은 스포츠 시설이기에 아마도 상쾌하고 스포티한 이미지가 요구되어 밝은 녹색을 외장색으로 선택한 것이라고 생각된다. 이것도 주변환경을 배려하지 않고 단순히 컬러 이미지만을 생각하여 전개한 예이다.

[위] 신사의 참배로 사이에 건설된 노인간호 보건시설. 이러한 시설에 선명한 색채가 사용되는 경우가 매우 많다. 노인을 건강하게 하고자 하는 색채는 외장보다는 내장에 사용돼야 한다.

[아래] 미조노구치 역은 경사면에 접하고 있어 수목의 녹색이 풍요롭지만 경사면 앞에 지어진 상가건물은 화려한 색채로 그 녹색을 가려 버렸다. 이런 장소에 세울 건축물은 벽면 녹화나 역방향의 식재 등, 녹색이 재생되도록 하는 설계가 필요하다.

경관법을 활용한 **환경색채계획**

제2장 고채도화하는 일본의 도시

니카료 용수로 펜스 · 블루 그린의 네트 펜스

청록과 적색의 펜스 다카츠구를 동서로 흐르고 있는 니카료 용수는 하수 정비가 되어 있지 않던 1950년대는 심한 악취를 풍기고 있었다. 그 용수로 위를 덮어버리는 것에 관한 이야기도 있었으나, 지역의 삶에 물의 흐름이 가져오는 윤택함이 필요하다는 운동이 일어나 일단 그 계획은 뒤로 미루어졌다. 그 당시 안전을 위해 설치된 펜스는 물고기의 형태를 조형화한 것으로 선명한 청록과 적색으로 도장되어 있다. 이 청록과 적색은 제품의 상용색으로, 카탈로그 상에서 돋보이는 정도에 따라 선택된 것이다. 그 화려한 펜스의 색채로 인해 용수로에 심어진 연한 매화꽃의 인상적인 색채와 용수를 헤엄치는 잉어가 제대로 보이지 않게 되었다. 제조사는 제품의 외관만을 고려한 색을 사용하는 것보다 펜스가 설치되는 환경 전체의 윤택함을 고려하여 색채의 방향을 생각해야만 한다.

블루 그린의 네트 펜스 블루 그린의 네트 펜스는 일본 어디서나 볼 수 있다. 이 색은 상큼하고 경쾌한 이미지를 가지고 있으나 펜스만이 눈에 띄어, 힘들게 가꾼 수목 등의 녹색공간은 잘 보이지 않게 되어 버린다. 이전과 같이 식재가 적었던 회색의 공장지대에서는 이 색채가 산뜻함을 연출했을지 모르나, 펜스는 심어놓은 수목의 녹색보다 채도를 낮도록 억제해 녹색이

경관법을 활용한 **환경색채계획**

더욱 살아나도록 역할을 돌려야 한다. 이곳의 색채 이미지 역시 상품으로서의 외관을 지나치게 중시한 나머지 환경에 대한 배려가 결여되어 있다. 일본의 색채계획은 지나치게 컬러 이미지만을 중시한다. 물체와 장소와의 관계를 중시하는 환경 디자인의 사고를 상품의 색채계획도 참고로 해야만 한다.

파란 천막 파란 천막도 일본 곳곳을 돌아다니고 있다. 이 극도로 높은 고채도의 청색은 공사현장이나 개인주택의 창고, 타마 강의 다리 밑, 꽃구경을 할 때의 자리 등 장소를 가리지 않고 사용된다. 최근은 다소 차분한 그린 계열이나 브라운 계열의 천막도 보이지만 파란 천막은 아직도 그다지 줄지 않았다. 블루는 청결한 감이 있어 산뜻한 이미지를 가진 색채이지만 채도가 지나치게 높아 눈에 띈다. 파란 천막은 가격이 싸고 매우 편리하지만 보다 차분한 색채로 바꾸어야만 한다.

| 니카료 용수의 펜스는 선명한 청록이며 기둥에는 진한 적색의 스트라이프가 두 줄 들어가 있다. 그리고 보도의 포장재는 대비적인 적갈색의 벽돌이다. 이 강한 대비로 인해 펜스만이 눈에 띄어 모처럼 심어 놓은 매화나무의 인상이 약해져 버렸다.

| 왼편에 진한 갈색의 펜스가 있고 오른편에는 블루 그린의 네트 펜스와 흰 가드레인이 보인다. 블루 그린 과 흰색은 진한 갈색과 비교할 때 자연의 녹색과 대비적이며 지나치게 눈에 띈다.

화려한 도로포장

매년 많은 종류의 포장재가 개발되어 보도도 색채화되고 있다. 포장재 회사는 행정으로부터 의뢰를 받아, 컴퓨터로 간단히 도로의 평면도의 패턴을 디자인하기 때문에 일본의 도로는 다양한 색채와 패턴이 넘치고 있다. 평면도에 채색을 하다 보면 아무래도 뭔가를 그리고 싶어지게 된다. 또 행정의 담당자도 뭔가 새로운 도안을 요구하기 때문에 시공 때마다 다른 포장재와 패턴을 채용하는 일들이 생겨난다. 최근은 시각장애인을 위한 유도 블록을 설치하도록 하고 있지만 이 유도 블록도 황색과의 광도비조차 배려돼 있지 않은 경우도 있어 시각이 약한 사람들에게는 잘 보이지 않는다.

도로는 배경이기에 기본적으로 복잡한 그래픽 패턴이나 그림 타일로 메우기보다 단색으로 포장하는 편이 좋다. 보수를 하더라도 그다지 눈에 띄지 않는 적절한 색채를 가진 포장재를 우선적으로 선택해야 한다. 눈에 띄는 것은 그곳을 걷는 사람들이거나 도로에 접한 점포의 쇼윈도우여야 하고 사계절의 변화를 알리는 가로수여야 한다.

포장의 색채선택으로 고민될 때, 그 지역의 흙색을 활용하면 우선 틀림 없을 것으로 여겨진다.

차도의 조각석재 아스팔트

타카츠구의 오오야마^{大山} 가도에는 역사를 살린 거리 형성을 위해 지역주민들과 행정이 함께 되어 계획에 대한 지속적인 검토를 하고 있다. 이 오오야마 가도는 도로폭이 좁고 교통량이 많기 때문에 여유롭게 산책하기가 어렵다. 이러한 좁은 도로에는 운전자에게 주의를 상기시키기 위해서인지, 아니면 역사가 깊은 오오야마 가도의 미화를 위해서인지 판단이 서진 않지만 조각난 파란 석재를 섞은 아스팔트 포장을 차도에 깔아 두었다. 이 조각석재 아스팔트는 오오야마 가도만이 아닌 니카료 용수 주변도로와 다른 도로의 교차점, 혹은 급경사에도 적색과 상호 조합하여 사용되고 있다. 교차점이나 급경사는 운전자에게 주의를 환기하기 위한 사인이 필요할 것이다. 교통사고를 줄이는 것도 대단히 중요하다고 생각되나 도로가 지나치게 눈에 드러나는 것은 문제가 있다. 적어도 사고율을 줄이는 목적만으로 공공 공간의 색채를 정해서는 안 되며, 경관적인 면을 포함해 종합적으로 검토할 필요가 있다. 좁게 한정된 기능만을 만족시키기 위해 색채를 사용하다 보면 결국은 혼란을 불러일으키며, 알기 어려운 환경이 되어 버릴 것이다.

[05] 언제부터인가 타카츠구에는 청색과 적색의 조각석재가 섞인 아스팔트 포장도로가 늘기 시작했다. 역사적인 흔적이 남아 있는 오오야마 가도도 이러한 아스팔트 포장으로 변했다. 파란 조각석재 도로는 이 도로 선상에 남아 있는 차분한 목조 쿠라와 부조화되어 소란스럽게 느껴진다.

경관법을 활용한 **환경색채계획**

| 도로에는 가지각색의 포장재료가 사용되어 포장될 때마다 모양이 변한다. 본래 배경이 되어야 할 보도의 노면이 눈에 띄게 되면 소란스럽고 차분함이 없는 경관이 되어 버린다.

무수한 광고·간판류 그리고 사인

토큐東急 전원도시선과 JR난부南武 선이 교차하는
미조노구치의 북쪽 출구에는 보행자 데크가
정비되어 매일 많은 승객이 이용한다. 이 보행자 데크에 인접한
건물에는 대형 광고판이 붙어 있다. 광고·간판류는 가능한 한
눈에 뜨이도록 하기 위해 고채도의 원색이 사용되는 경우가 많
다. 이러한 원색의 광고·간판류가 많은 이유도 있어 작은 공공
사인은 상대적으로 눈에 잘 드러나지 않는다. 데크를 이용하는
일부 이용객의 신고도 있어 택시 승강장 등의 공공 표시는 큰
시트를 기둥에 붙이는 방식으로 바뀌었다. 택시 승강장의 사인
을 크게 하는 것으로 알기는 쉽게 되었지만 다른 작은 사인은
상대적으로 보기 힘들어져 경관적으로도 다소 후퇴한 것으로
생각된다.

광고·간판류가 도시의 분위기를 고조시키고 있는 곳도 있다.
예를 들어 토쿄의 카구라사카神樂坂의 골목에 들어가면 백지에
흑색문자의 간판이 옛 일본의 향수에 젖어 들게 한다. 지역의
룰을 만들어 광고·간판류의 디자인을 컨트롤하고 있는 지역
도 늘어나고 있다. 각각이 눈에 드러나는 것만을 생각하여 경쟁
하고 있는 원색의 광고·간판류가 들어서 경관이 혼란스럽게
되는 것은 문제가 있다. 건축물의 파사드가 잘 보이면서도 인상
적인 가로수의 도시경관을 키워 내야만 한다. 또한 많은 사람이

이용하는 공공표시도 이러한 광고 · 간판류와 함께 표시물의 종합적인 지역 룰을 만들어야 한다. 경관법의 시행으로 인해 이러한 지역 룰을 만드는 것이 가능하게 되었다.

표지판 · 주의표식 타카츠구에는 매년 새롭게 살기 시작한 주민도 늘어나고 있다. 이 때문에 지금까지 지켜져 왔던 지역의 룰에 대한 이해가 떨어져 표지판과 주의표식이 점차 늘어나고 있다. 안전하고 안심할 수 있는 도시를 만들기 위해 표지판과 주의표식이 설치되지만 다시금 돌아보면 그 늘어난 수에 경악을 금치 못한다. 또한 그것들은 제작에 그다지 돈을 들이지 않은 탓인지 표시 디자인의 질이 유치한 것도 많다. 서구에서는 매우 작으면서도 아름답고 세련된 디자인의 주의표식을 만날 때가 있다. 자기책임이라는 사고가 확립된 탓인지 서구의 거리에는 각각의 표지판과 주의 표식의 수가 적다. 타카츠구의 표지판과 주의표식의 수는 조금씩 줄어들고 있지만, 제거가 힘들다면 배색과 문자 레이아웃을 고민해 눈에 띄는 것만이 아닌 보다 도시경관과 조화되도록 깔끔한 것으로 해야 한다고 생각한다.

| 상업지구는 어디서든 광고·간판류가 넘치고 있다. 미조노구치 역 앞에도 서로 앞다투어 원색을 사용하여 경관이 소란스럽게 되어 이제는 그 어느 광고·간판류도 눈에 뜨이지 않는다. 상업을 하는 사람도 좀더 도시를 아름답게 가꿀 수 있는 경쟁을 해야 한다.

일본의 도시에서는 표지판·주의표시가 넘치고 있다. 사회의 룰을 지키지 않는 사람이 많이 표시·물이 증가한 탓인지, 넘치는 표지판·주의표시가 경관에 익숙해져 버리는 것도 문제이다.

경관을 저해하는 그 외의 요인

`자동판매기` 타카츠구에는 다양한 종류의 자동판매기가 있어 야간에도 눈에 잘 뜨인다. 가로등이 적은 밤길에 높은 조도의 자판기는 보행자의 안전에 기여하는 면도 있을지도 모른다. 타카츠구에서는 이러한 자판기의 색채에 대한 어떠한 규제도 없지만 관광객이 많이 방문하는 지역에서는 경관적인 면을 고려해 색채를 정하고 있는 곳도 있다. 카나가와현神奈川縣의 후지사와시藤澤市의 에노시마江/島에서는 섬 안에 설치된 자판기의 색을 샌드 베이지로 통일하고 적색과 청색의 원색 자판기를 철거했다. 더욱이 자판기를 점포 내에 두고 밖에서는 보이지 않도록 고안한 상점도 있다. 이러한 세밀한 배려가 도시를 아름답게 하는 것이다.

`전선` 일본의 도시는 어디에서 전선이 둘러쳐져 있다. 전선을 지하에 매설하면 경관이 어느 정도 깨끗해진다는 것도 알고는 있지만 경제적인 부담이 커 웬만해서는 제거하기가 어렵다. 또한 최근은 전선만이 아닌 다양한 종류의 배선이 도로 위에 종횡무단으로 쳐져 있어 보기가 거북하다. 전선을 지하에 매설하고 가로수를 심어둔 도로의 경관은 깨끗하다. 일본의 도시는 이 전선문제를 해결하지 않고서는 아름답게 될 수 없는 것은 아닐까.

경관법을 활용한 **환경색채계획**

방치자전거　맨션이 계속 늘어나고 있는 타카츠구에서는 역 주변에 방치된 자전거도 큰 경관문제가 되어 있다. 방치 자전거도 전선과 마찬가지로 색채만의 문제만은 아니지만, 지저분하게 방치된 자전거는 역 주변 경관을 현저하게 해치고 있다. 환경에 대한 배려에서 에너지가 절약되는 자전거의 이용은 대단히 중요하지만, 자전거보관소의 정비가 따라가지 못하고 있으며 또한 정비된 곳은 역에서 먼 곳에 있거나 유료라는 이유 등으로 이용되지 않는 곳도 있다.

쓰레기통　편리한 쓰레기수거를 위해 쓰레기통은 도로 인접한 곳에 설치된 곳이 많다. 그곳에는 블루의 플라스틱 상자를 놓거나 까마귀를 막기 위해 그린의 네트를 치거나 한다. 쓰레기통은 사용의 편리함만이 아닌 경관적인 배려도 필요하다. 쓰레기통이 깨끗한 지역은 커뮤니티가 확실하게 되어 있어 쓰레기를 내는 것에 관한 룰도 철저하다. 경관은 커뮤니티의 성숙도와 깊게 관여되어 있다.

| 자동 판매기도 다양한 색채로 도색되어 설치되어 있다. 좀더 온화한 색조로 통일하는 것만으로도 경관은 향상된다. 제조사도 지역경관을 배려한 자동판매기를 만들어야만 하는 시대이다.

| 쓰레기의 수집장소는 수집작업을 쉽게 할 수 있도록 도로와 인접해 설치된 곳이 많지만 자세히 살펴보면 많은 문제를 가지고 있다. 맨션에서는 벽을 쌓아 평상시에는 보이지 않도록 하는 곳도 늘고 있다. 개인 주택지에서도 좀더 쓰레기를 감추려고 하는 노력이 필요하다.

화장이 아닌 피부와 같은 색

타카츠구의 인구는 지금도 지속적으로 늘어나 도시의 모양이 크게 변모하고 있다. 이러한 큰 변화 속에서 색채를 포함한 경관문제는 보다 커지게 되어, 이 문제의 해결은 기존과 같은 행정의 힘에 의존하는 것만으로는 어렵게 되었다. 경관의 일정 부분은 개인의 감성에 의존하고 있는 부분도 있어, 아름다운 지역경관을 실현하기 위해서는 개인의 의식개혁이 필요하게 된다. 경관은 건물과 토목구조물의 화장이 아닌 그보다 깊은 곳에 있는 지역의 삶이 표출된 것이다. 환경색채계획은 화장기술이 아닌 내면에서 표출된 피부를 다루는 것이다. 이러한 피부로서의 색채는 보다 많은 주민이 거리만들기 활동에 관여하지 않고서는 아름답게 될 수 없을 것이다. 지금까지의 경관 디자인은 직접적으로 대상물이 잘 보이도록 장식하는 것을 주로 행해 왔다. 또한 그 안의 디자인은 무엇인가를 만드는 데에만 집착해 만들어진 것이 놓여지는 장소에 대한 인식을 소홀했으며 지역의 삶에까지 눈을 돌리는 수준까지는 이르러 있지 못했다. 타카츠구의 예를 통해서도 알 수 있듯이 편리함과 겉모습의 화려함만을 추구해 디자인된 것들은 각각은 잘 되어 보일지 몰라도 그것들이 전체로서의 지역경관에는 크게 기여하고 있지 않다. 경관을 수중히 여기는 디자인은 새로운 것을 만드는 것이 아닌 그곳에 축적된 것들에 눈을 돌려 그것들과의 관계를 배려하는 것이다.

최근 전국적으로 지역의 개성을 살린 거리만들기 활동이 활발해져 도시만들기 조례의 책정을 검토하고 있는 지자체도 늘어났다. 타카츠구에서도 시민참가의 거리만들기는 큰 흐름이 되어 있다. 이러한 거리만들기 활동에 참가해 다양한 지역문제에 힘을 모으게 되면 표면적인 화장으로서의 경관이 아닌 지역의 일상이 드러나는 피부로서의 색채가 만들어 진다. 나도 이러한 문제를 해결하기 위해 몇 군데의 지역활동에 참가하고 있다. 멀리 돌아가는 것일 수도 있으나 시민과 행정이 함께 되어 구체적인 거리만들기 활동을 계속해 나가는 속에 지역의 경관은 조금씩 향상되어 갈 것이다.

타카츠구의 환경색채 문제를 예로 들어 봤지만 주민 역시 이러한 상황을 방치하고 있는 것만은 아니다. 거리만들기 협의회를 시작으로 몇 개의 그룹이 연대해 환경색채의 개선에 착수 하고 있다. 여기서는 시민과 행정이 파트너십을 만들어 진행하고 있는 환경색채에 관련된 몇 가지 활동을 소개하고자 한다.

경관법을 활용한 **환경색채계획**

타카츠구의 시민활동

타카츠
거리만들기
협의회 카와사키시의 각 구에 '시민건강의 숲'을 만들기
위한 검토회로서 1999년 타카츠구 거리만들기협
의회거리협이 설립되었다. 거리협은 타카츠구에 산
재돼 있는 '건강의 숲' 후보지를 검토해, 타카츠구의 녹색의 축
이 되어 있는 언덕 중에서 7.2 헥타르의 토지에 '타카츠 시민건
강의 숲'의 조성을 결정했다. 현재는 '시민건강의 숲을 만드는
모임'이 이 토지의 풀베기나 경사면에 들어선 대나무의 벌채
등을 행하고 있다. 이 활동에는 지역의 어린이들도 참가해 대나
무 숯을 만들거나 꽃을 키우고 있다.
거리에 운기를 되돌리기 위한 물과 녹색의 보전은 타카츠구의
가장 중요한 과제이다. 거리협 안에는 다시 다양한 모임이 생겨
나 경관의 문제에도 착수하고 있다.

타카츠
꽃 가도 미즈노구치 역 남쪽 출구와 이어져있는 노가와카키
오선野川柿生線의 폭이 확장되어 보도가 정비되었고, 후
에 '타카츠 가도'로 이름 지어진 이 도로의 정비에도 거리협이
관계했다. 행정과 협동으로 포장재와 조명, 그 외의 거리시설의
색채를 검토하고 가로수를 선정했다. 보도의 포장색은 여러 가
지의 검토안 중에 화단의 꽃색을 아름답게 보이도록 하는 자연
색을 택해, 이 색채와 동일색상의 다크 브라운을 거리시설의 색

채로 선정했다. 이 포장색은 그 후 타카츠구의 기본색채로 여겨
지게 되었다. 정비 때마다 갖가지 시행착오를 겪는 거리의 색채
를 주민이 지켜나가며 정돈해 가는 것은 매우 중요한 것이다.
타카츠 꽃길은 지금도 길 주변지구의 주민이 중심이 되어 지속
적으로 관리하고 있으며 항상 각양각색의 꽃이 피어 있다.

수변의 풍경모임 농업이 번성했던 시절, 타카츠구에는 용수로가 종횡
으로 흐르고 있었다. 그 중 많은 수는 메워지고 말았
지만 도시의 동서를 가로질러 흐르는 니카료 용수는 아직도 남
아있으며 그 보호벽에는 매화가 심어져 있다. 2005년에는 이곳
을 보다 쾌적하게 만들기 위한 「수변의 풍경모임」이 만들어져
용수로의 청소 등을 실시하고 있다. 이 모임에서는 안전확보를
위한 펜스 보수시, 시민 앙케이트를 모아 그때까지 칠해져 있던
선명한 청록과 붉은 색채를 진한 녹색으로 변경했다. 이 진한
녹색은 연한 매화꽃을 더욱 아름답게 보이게 하는 색채로서도
평판이 높다.

오오야마 가도 활성화 추진협의회 타카츠구에는 에도 시대부터 오오야마로의 참
배객으로 활기 넘쳤던 오오야마 가도가 남아
있다. 지금까지 이 역사적 가도의 거리정비에
관한 이야기는 끊임없이 나왔지만 큰 진전도 없이 역사적인 건
축물은 허물어졌으며 그곳에는 맨션이 들어서 있다. 이런 심각

경관법을 활용한 **환경색채계획**

한 상황에 처한 오오야마 가도를 역사적 경관자원을 살린 거리로 만들기 위해 2003년 '오오야마 가도 활성화추진위원회'가 설립되어 방향검토와 함께 거리재생에 착수했다. 여기서는 낡은 거리를 그대로 보전하는 것이 아닌 오래 전부터 있던 건조물과 새로운 건축군을 융화시키는 방침을 세웠다. 또한 새롭게 건설되는 건축물을 뒤로 물리고 보행자 공간을 확보하는 등의 색채를 포함한 경관형성기준을 책정해, 경관형성지구의 지정을 받아 거리재생을 계획하고 있다.

타카츠의 모모짱(ももちゃん) 타카츠에는 오랜 역사 속에 축적되어온 수많은 경관자원이 넘치고 있다. 화려한 미술관과 음악 홀 등을 만들더라도 내용이 빈약하다면 매력을 느낄 수 없다. 타카츠구에서는 지역에 어떤 것들이 있는지 우선 알아내고 그것들을 가꾸기 위한 활동을 시작했다. 풍경, 생활, 활동, 역사의 4개 분야로 나누어 거리만들기 자원을 모아 그 중에서 100선을 골라냈다. 이 프로젝트는 백이라는 숫자에 의미를 두어 '타카츠의 모모짱'으로 이름 지어졌다. 행정에 주장만 하는 것이 아닌 지역에 축적되어 있는 것을 소중히 여기며 그것들을 키워나가는 속에서 참된 개성적 도시를 만들고자 하는 사고는 그 후 조금씩 거리만들기 활동으로 침투되어 가고 있다.

타카츠구의 도시계획 마스터 플랜을 검토하는 과정에서 타카츠의 미래를 고령자만으로 검토하는 것은 좋지 않다는 의견이 나와 30세 이하의 젊은이들로 조직된 거리만들기 그룹 SA122가 만들어 졌다.

이 그룹은 건강의 숲에 빽빽이 들어선 대나무를 악기로 만들어 지역 음악대학의 학생연주회를 개최하거나, 타카츠의 농업을 소개하는 그린 맵을 작성해 공개하거나, 서점과 공동으로 어린이들에게 서예의 즐거움을 알리거나 하는 다채로운 활동을 전개하고 있다. 건축물과 광고물의 색채는 행정이 기준을 책정해 규제하는 것만으로는 그다지 개선되지 않는다. 환경색채의 개선은 이러한 다양한 거리만들기 활동을 통한 많은 사람들의 이해의 확산을 필요로 한다.

SAI22의 젊은이들은 새로운 발상으로 거리만들기를 진행하고 있다. 경사지에 들어선 대나무를 벌채해 제작된 대나무 악기를 이용해 지역의 음악대학 학생들과 함께 역 앞 데크에서 연주회를 하거나, 어린이들에게 서예의 즐거움을 알리는 등, 그 활동의 폭은 점차 넓어지고 있다.

경관법을 활용한 **환경색채계획**

| '타카츠구 시민건강의 숲을 키우는 모임'은 용수로를 정비해, 반딧불을 키우고 있다. 어린이들은 매년 반딧불이 날아다니는 시간을 즐겁게 기다리고 있다. 시민건강의 숲은 도시화하는 환경 속에서 어린이들과 자연이 만날 수 있는 귀중한 장이 되고 있다.

| 거리만들기협의회는 다기추구의 기기민드기 지인을 모이 '미지르의 그그장'을 간납했다. 그 후 지금까지의 자원을 활용한 거리만들기에 착수하고 있다.

03

자연은 컬러리스트

자연은 컬러리스트

타카츠구의 예와 같이 도시에는 가지각색의 색채가 섞여 있다. 광고·간판류는 보다 눈에 띄기 위해 다양한 원색을 사용하고 있으며, 상점가는 새로운 유행을 연출하기 위해 화려한 색채를 사용한다. 그리고 그 강함에 지지 않기 위해 공공의 표식도 고채도의 색을 사용한다. 제각기 색을 사용하는 데는 이유가 있으나 그것들은 상호간의 조정 없이 이기적인 표현만을 계속하고 있다. 그리고 이러한 난잡한 자기주장의 결과, 이제는 그 어느 것도 주목받지 못하고 본래의 목적을 잃어버리고 말았다. 그래픽화 할 수 있는 대다수의 것들에 경쟁적으로 고채도를 사용하는 도시경관은 혼돈스럽게 되어버리고 그 무엇도 구별되지 않게 되어 버렸다.

이러한 난잡한 도시색채에 비해, 자연계에서 만나는 모든 색은 아름답게 보인다. 그것들은 제각기 절도에 따라 상응하며 움직이고 있다. 평소에는 그다지 눈길을 끌지 못하던 대지의 흙색도 자세히 관찰해 보면 그 다채로운 아름다움에 감탄을 금치 못한다. 자연계의 색채는 항상 일정한 제어장치를 통해 움직이고 있어 전체적으로 조화로우며 항상 우리들을 매료시킨다. 자연계는 전체의 통일감과 각각의 개성을 겸하고 있다. 눈에 드러나는 그림과 눈에 드러나지 않는 배경의 오묘한 밸런스가 각각의 색채를 보다 아름답고 인상적이게 한다.

우리들은 자연계에서도 꽃과 나비 등이 가진 선명한 고채도색에서 특히나 강한 색의 느낌을 받는다. 그것들은 중간 채도의 색채영역에 있는 수목의 녹색과 시시각각 변화하는 하늘의 색보다도 선명하다. 그리고 변화하는 중간 채도의 녹색과 하늘색의 이미지를 지지하는 것이 자연계의 기조색이기도 한 대지의 흙과 돌, 모래 등의 저채도색이다. 이러한 큰 면적을 접하고 있는 저채도색, 시시각각 변하는 중채도색 그리고 비교적 적은 면적 이외에는 나타나지 않는 고채도색 등, 채도가 다른 색채의 절묘한 밸런스가 각각의 이미지를 상호보완하며 맞아들어 간다. 꽃과 같이 진한 적색의 흙은 없다. 수목의 잎이 꽃과 같은 선명한 단풍으로 물드는 경우도 있으나 그것은 한순간에 불과하고 1년 중 선명한 색이 그대로 지속되는 일은 없다. 저채도색은 움직이지 않으며 고채도색은 변화 속에 있다. 자연계의 색은 각자가 속한 범위 안에서 움직이고 있다. 이러한 자연색의 흐름을 깊이 알고, 인간이 자연과 같이 훌륭하게 색을 사용할 수 있다면 도시는 더욱 풍부한 변화를 가진 아름답고 매력적인 곳이 될 것이다. 자연은 우수한 컬러리스트이다. 자연계의 교묘한 색채 디자인의 수법 몇 가지를 주워 담아 보자.

색은 살아 있다

우리 주변의 모든 자연에는 색이 있다. 봄, 무엇이라고도 말할 수 없는 미묘한 흔들림을 보이는 신록의 산들, 시시각각으로 변화하는 하늘의 청색, 사계절 아름다운 모습을 보여주는 다양한 꽃의 색 등 자연계는 색으로 넘쳐나고 있다. 이러한 자연 속에서 특히 우리들의 눈을 끄는 투명도가 높은 색은 꽃과 나비와 같이 살아 있는 것들이 가지고 있다. 꽃과 나비의 아름다운 색도 죽음을 맞이하면 채도를 잃어 어느덧 저채도의 대지에 흡수되고 만다.

대략 1억 5,000만년 전에 나타난 최초의 종자식물의 꽃색은 녹색이었다고 한다. 그 시대의 식물은 꽃가루가 바람과 물에 의해 운반되는 매우 비경제적인 방법에 의존하고 있었지만, 이후 꽃가루의 이동을 곤충에 맡기는 방법이 발견되었다. 그리고 꽃가루의 이동을 보다 간편히 실현한 식물이 그후 오랫동안 살아 남게 된다. 동물을 유혹하는 색채는 최초 돌연변이에 의해 생겨났다. 잎의 녹색과는 대비적인 선명한 꽃의 색채는 색각을 가진 동물에게는 명확히 지각된다. 꽃의 색채는 동물에 대한 유효한 사인으로서 작용하고 있다. 도시경관에 활기를 가져오는 선명한 광고·사인류의 색채도 꽃과 같이 서로 다투어 선명한 원색을 사용한다. 이러한 색채사용법은 동물을 유혹하는 꽃의 색사용으로부터 배운 것일지도 모른다.

자연계의 색은 살아 있다. 식물은 선명한 색의 꽃을 피우지만 계절이 지나가면 색을 잃고 떨어져 버린다. 수목의 녹색도 계절에 따라 또다른 아름다움을 보이지만 그 색은 시간에 따라 변화해 낙엽과 함께 대지에 흡수되어 간다. 대자연을 날으는 아름다운 새와 나비도 죽음과 함께 서서히 색을 잃어 대지의 색으로 동화되어 간다. 자연계의 많은 아름다운 색은 죽음과 함께 퇴색되어 간다. 선명한 색 맛을 영원히 잃지 않는 아름다운 돌도 존재하지만 그 수는 매우 적으며 보석으로서 진귀하게 다루어진다. 이러한 희박한 예를 제외하면 깨끗한 색은 살아있는 것이 이어 받는 생명의 증거이기도 하다. 사람이 신사에 칠을 하는 것은 색을 읽어버린 사후세계에 대한 두려움을 완화시켜 주기 때문일지도 모른다. 인간은 내구성이 강하고 쉽게 퇴색되지 않는 색재료를 손에 넣었지만, 이것이 도시의 색채환경을 혼란시키는 요인이 되었다. 자연계의 색이 살아 있고 변화하고 있다는 것은 큰 의미가 있다. 인공적인 색재료의 개발은 내구성을 높이는 방향으로 발달하고 있지만, 언제나 깨끗한 자연계의 색을 접하고 있다 보면 퇴색하는 것을 적극적으로 받아들이는 것도 필요한 것은 아닐까.

자연의 색은 살아 있다. 겨울 동안 혹심한 기후를 견디어 낸 식물은 한꺼번에 싹을 피워 아름다운 꽃을 피워 낸다. 이러한 아름다운 꽃도 어느덧 지고 대지의 색으로 동화되어 간다.

경관법을 활용한 **환경색채계획**

색은 움직인다

색은 동적으로 변화하는 것들 속에 있다. 아름다운 새와 나비는 우리들의 눈앞에 멈춰 있지 않으며 곧 어디론가 날아가 버린다. 선명한 색의 꽃은 움직이지는 않으나 이 색은 시간의 흐름에 따라 변화해 영원히 그 아름다움을 지킨다는 것은 불가능하다. 진한 적색의 석양과 푸른 바다의 색도 짧은 시간에 변화한다. 자연계의 색은 동적인 것들에게 있으며 선명한 색채가 우리들의 눈앞에 영원히 멈추어 있는 일은 없다. 또한 자연계의 선명한 색은 견고한 재질감을 가진 것만 아닌 항상 변화하며 언젠가는 약해져 간다. 인간은 바래지 않는 견고한 색채를 찾아 기술개발을 계속하고 있지만 자연의 색은 그 양태를 알려주는 사인으로서의 변화를 계속하고 있다.

자연계에 있어서 선명한 색과의 만남은 순간적이다. 그리고 인간이 색채를 다룰 때는 동적인 것에는 비교적 선명한 색채를 사용한다. 일반적으로 움직이지 않는 건축물의 큰 외벽에 고채도색을 사용하진 않지만, 시내를 돌아다니는 자동차에는 적색이나 황색의 고채도색을 자주 사용한다. 실내에서도 큰 면적을 차지하는 벽면에도 밝고 색맛이 적은 벽지를 사용하는 것이 일반적이지만, 커튼이나 문과 같은 움직이는 것에는 채도가 높은 색채를 액센트로서 사용하는 경우가 많다. 또한 그것이 움직이지 않더라도 인간이 이동하는 공간, 예를 들어 초등학교 건물의 복도와 계단에는 각층의 사인으로서 선명한 색채를 사용하는 경우가 많으며, 학문의 장인 교실에는 오랫동안 머무르는 공간이기에 보다 차분한 저채도색을 사용한다. 넓은 시야로 도시환경을 보면, 사람의 움직임이 격렬한 도시중심에 색채의 수가

많고, 교외의 주택지에는 보통 차분히 가라앉은 단순한 외장색의 집이 많다. 이렇듯 인공적인 세계에서도 선명하고 눈에 띄는 색은 동적인 것에 있다.

이와 같은 동적인 것에는 선명한 색채를 사용하고, 고정된 것에는 온화한 색을 사용하는 습관은 도시화된 환경에서도 계속 지켜져 왔지만, 상업지구나 간선 도로상에서는 이전 같으면 곧 퇴색되어 바래버리기 때문에 사용되지 않던 선명한 원색을 큰

경관법을 활용한 **환경색채계획**

외벽에 사용하고 있다. 그것들은 거대하여 자동차로 빠르게 이동하더라도 우리들의 시야에서 오랫동안 사라지지 않는다. 고채도색은 작은 면적의 동적인 것에 사용하면 효과가 있다. 거대한 벽면의 고채도색 사용은 자연계의 섭리에 위배되며, 지역경관에 큰 영향력을 미친다. 자연계의 색 사용을 배워 한시라도 빨리 환경색채의 룰을 정비해야만 한다.

색은 동적인 것 속에 있다. 아름다운 색의 새와 나비가 우리 눈 앞에 오랫동안 머무는 경우는 없다. 식물은 움직일 수는 없지만 아름다운 꽃과 가을의 낙엽을 볼 수 있는 시간은 짧은 순간밖에 없다.

자연을 아름답게 보이게 하는 대지의 색

자연계를 받혀주는 기조색 자연계의 선명한 색은 살아 있고 동적이기 때문에 극히 일순간이 아니고서는 만날 수 없다. 그것이 자연색의 이미지를 보다 인상적이게 한다. 더욱이 이 선명한 색의 인상을 받혀주는 배경색인 대지색의 존재를 잊어서는 안 된다. 식물잎은 일반적으로 꽃의 색보다 채도가 낮기에 꽃의 색을 보다 선명하게 보이게 한다. 그리고 사계절 변화하는 나뭇잎의 녹색을 인상적으로 보이게 하는 것이 흙과 모래, 바위 등 대지의 저채도 색군이다. 이것들이 차지하는 면적은 매우 넓으며, 수목이 성장하기 힘들 정도의 혹독한 기후의 토지에서도 시야의 한도 내에는 이 대지의 색이 퍼져 있다. 이것들이 자연계의 기조색이다. 이 기조색과 살아 있는 고채도색과 같이 배경과 그림의 관계가 다양하고 매력적인 세계를 만들고 있다.

자연의 기조색이기도 한 흙은 둔하고 무거운 인상을 준다. 그러나 이 무거운 인상의 흙을 실제로 모아보면 매우 넓은 색영역에 분포하고 있는 것을 알 수 있다. 나는 여행을 할 때마다 그 지방의 흙과 모래를 가지고 돌아온다. 그렇게 모아진 흙은 실제의 환경색채계획에 크게 도움이 된다. 모은 흙을 유리 시험관에 넣어 아틀리에의 선반에 보관해 두고, 건축과 외부 구조의 배색 아이디어가 막혔을 때에는 이 흙을 꺼내어 다양하게 늘어뜨려 본다. 그속에서 몇 가지의 아름다운 배색이 생겨난다. 이 배

경관법을 활용한 **환경색채계획**

색은 자연의 기조색 범위에 한정되어 있어 어떤 조합이라도 큰 문제가 없다. 배색으로 곤란에 처했을 때는 색채계획의 대상지 주변의 흙과 모래, 바위, 수목의 껍질을 모아 그것들의 색을 견본으로 하여도 좋다.

또한 최근은 보도포장재의 색수가 풍부하게 되었다. 제품 카탈로그를 보고 있으면 그 새로움의 유혹에 빠진다. 도로의 평면도를 채색하다 보면, 단순하지 않은 복잡한 패턴을 그리고 싶어진다. 그 색채와 패턴 사용을 정당화하기 위해 '바닷가의 상쾌함을 표현하기 위해 파도의 패턴을 블루로 표현했습니다'와 같은 설명을 더한다. 그러나 바닷가의 모래는 파란색만이 아니며 대지에 기하학적인 모양이 그려져 있는 것도 아니다. 그럼에도 바닷가는 바닷가다워 보인다. 나는 도로색채의 선택으로 고민될 때면 지역 흙색의 사용을 권하고 있다. 자연의 기조색은 지역에 살아있는 녹색을 더욱 아름답게 보이게 한다.

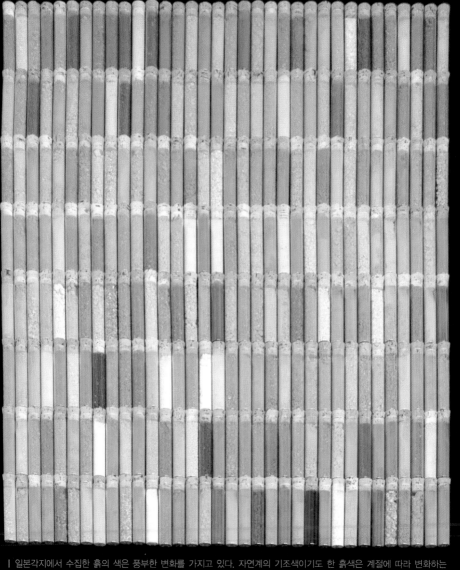

| 일본각지에서 수집한 흙의 색은 풍부한 변화를 가지고 있다. 자연계의 기조색이기도 한 흙색은 계절에 따라 변화하는 수목과 꽃의 색을 아름답게 보이게 하는 배경색이기도 하다.

자연은 불필요한 모양은 디자인하지 않는다

자연계에는 매력적이고 불가사의한 문양이 많다. 검은 구름과 같은 부정형의 형태가 그려진 소, 황색과 흑색의 선명한 스트라이프 패턴을 가진 호랑이, 나비와 새도 다양한 문양으로 몸을 감싸고 있다. 열대어는 강렬하게 채색된 문양으로 우리들의 눈을 즐겁게 한다. 식물의 꽃과 나비에도 예쁜 문양이 그려져 있다. 언뜻 보면 자연은 자유로운 분위기의 다채로운 패턴 디자인을 즐기고 있는 것처럼 보인다. 그러나 그러한 배색 패턴은 그들이 생존을 위해 오랜 시간 동안 목숨을 건 시행착오를 반복해오며 만들어져 온 것이다. 자연이 그려낸 아름다운 문양의 모든 것에는 의미가 있다. 얼룩말이나 호랑이의 눈에 띄는 패턴은 그들이 생존하고 있는 세계에서는 몸을 감춰 주는 은닉의 효과가 있고 나비나 공작새의 날개에 그려진 원형의 패턴은 적을 위협하는 효과가 있다.

1960년대 중반 무렵부터 건축물을 선명한 원색으로 채색하는 슈퍼그래픽이 유행했다. 프랑스의 컬러리스트 쟌 필립 랑크로는 페인트 회사 고띠에의 내벽에 소 몸의 문양이 하늘에 떠 있는 구름으로 변화해 가는 착시적인 그림을 그렸다. 미국에서도 거대한 건축벽면에 마치 도로가 연속적으로 있는 것과 같은 착시그림이 그려졌다. 슈퍼그래픽은 그때까지 무기적인 모던 디자인에 대한 저항운동으로 이어져 순식간에 세계로 퍼져갔다.

일본에서도 그래픽 디자이너나 텍스타일 디자이너 등이 참가해 건축물의 내외장을 선명한 그래픽 패턴으로 그려갔다. 그것은 건축의 각 부위별로 나눠 칠하던 그때까지의 건축배색의 관례를 부수고 바닥, 벽, 천장의 구분이 없는 자유로운 공간을 만들었다. 슈퍼그래픽은 새롭고 흥미로운 색채공간을 다양하게 실현했다. 그러나 일본에서는 원색의 파빌리온이 많이 지어졌던 오사카大阪 만국박람회를 정점으로 이 운동은 서서히 불이 꺼져 갔다. 1973년의 오일 쇼크 이후에는 원색을 사용한 자극적인 색채공간의 디자인적 시도는 거의 사라져 버렸다. 슈퍼그래픽의 쇠퇴에는 지나친 원색의 사용과 경제상황의 변화 등 다양한 요인이 있다. 그 중에서도 가장 큰 요인은 건축물을 뒤덮은 그래픽 패턴이 자연계가 시행착오를 통해 디자인한 것과 같은 의미를 가지지 못한 것이다. 그래픽 패턴의 의미를 충분히 이해하지 않고 단순히 새로운 표현만을 쫓아다녀서는 자연계에서 살아 남을 수 없다. 자연계에서는 생존을 위한 의미가 없는 문양은 제거된다.

신의 신하로 불리우는 사슴의 몸은 겨울 동안은 회갈색의 단일 모양이지만 여름에는 밝은 갈색의 바탕에 흰 반점의 문양이 나타난다. 계절변화에 따라 변하는 주위환경의 섭리에 맞춰, 외부의 적으로부터 몸을 지킨다. 동물의 몸의 색과 문양에는 가혹한 자연속에서 살아 남기 위한 지혜가 감추어져 있다.

자연의 색은 아름답게 늙고 있다

수백년을 살아 온 큰 나무에는 어린 나무에는 없는 존재감이 있다. 오랜 비바람을 견뎌 온 큰 나무의 수피에는 깊은 음영이 새겨져 있다. 또한 오랜 기간 해수에 씻겨나가 침식된 돌의 표피에도 복잡한 돌출이 있어 그 풍미가 깊다. 자연계의 색은 젊을 때만이 아닌 나이를 먹은 모습 또한 아름답다. 인공적인 건조물도 자연재료로 만들어진 것은 아름답게 늙는다. 예를 들어 전건지구에서 만나는 목재로 만들어진 외벽에 깊게 새겨진 시간의 발자국에는 깊은 풍미가 있다. 또한 해풍에 씻겨나가 회은색으로 변색된 해변의 민가나 많은 사람들이 걸어 다녀 마모돼 각이 생긴 참배로의 석단, 흙을 구워 만든 색점이 크고 오래된 기와의 건물은 시대를 지날수록 더욱더 사람들에게 친숙해진다. 그곳에는 만들 당시에는 없던 품격이 있다. 이렇듯 세월과 함께 늘어난 품격이 현대의 건축물에는 없어지고 있다. 현대의 건축외장은 시공 당시가 가장 깨끗하나 그 후로는 쇠퇴해 가기만 한다. 청소로 깨끗해 지더라도, 품격이 늘어 사랑받는 건축물들이 키워 온 것들이 이전보다도 적게만 느껴진다. 시간과 함께 퇴색되어 가는 것이 자연의 섭리이다. 아름답게 늙어 결국은 대지의 색으로 동화되어 가는 소재가 좀더 연구개발 되어도 좋지 않을까. 지구 온난화방지를 위해 옥상녹화도 진행되고 있다. 이끼가 낀 노송나무 껍질이나 짚과 같은 지붕 소재를 현재의 기술로 만들어 내는 것도 가능하지 않을까. 최근에는 때가 끼인 것과 같은 타일이나 페인트가 유행하고 있으며 자동차와 같이 물청소가 가능한 주택도 광고에 나오고 있으나, 세월이 흘러도 지역에는 없어서는 안될 풍경이 될 수 있는 건축재료는 부족하다. 노화되는 것을 두려워 말고 아름답게 풍격을 늘려 나갈 수 있는 현대건축이 늘어나야 한다.

딱딱한 표정으로 변해버린 도시의 포장과 보도도 보다 윤택하고 부드러운 표정이 요구된다. 실제는 딱딱하더라도 낙수에 다듬어진 석단이나 이끼가 낀 참배로는 걸어다녀도 피곤함이 적게 느껴진다. 부드럽고 자연적인 분위기를 가진, 지저분함을 풍격으로 바꾸어 나가는 것과 같은 포장재를 현재의 기술로 만들어내는 것은 무리일까. 인터록킹 블록의 줄눈 부분에 약간의 흙이 쌓여 그곳에 이끼가 자라는 것과 같은 모습을 보고 있으면 식물의 강인함이 놀랍기만 하다. 지저분해지지 않도록 청결함만을 지키는 것이 아닌, 더러움을 품격으로 바꿔 나가는 것과 같은 새로운 사고가 필요한 것은 아닐까.

경관법을 활용한 **환경색채계획**

긴 세월을 살아온 노목에는 불가사의한 존재감이 있다. 또한 이끼가 긴 석단에는 깊은 맛의
품격이 있다. 자연은 나이를 먹을 때도 아름다운 모습을 보여준다.

자연의 색은 지표 부근에 있다

봄의 대지에는 흰색과 노란색의 꽃이 피고, 매화는 만개해 어느새 온화한 계절이 된다. 여름을 향해가는 수목의 잎은 강한 녹색의 기운을 풍기며 명도를 낮춰 그 깊이를 더해 간다. 무더위가 지나 가을이 되면 잎은 황색의 색상으로 어느덧 시들어 간다. 그리고 겨울에는 흰눈으로 덮여져 버린다. 이러한 자연계의 풍부한 색변화는 항상 지표 부근에서 일어난다. 자연의 색은 지표 가까이에 있으며 변해 간다. 하늘을 향해 고도를 올리거나 또는 심해에 잠기더라도 지표 부근과 같은 풍부한 색채를 만나기는 힘들다. 우리는 높은 하늘에는 아름다운 색을 가진 새가 날아다니고, 선명한 색의 물고기가 심해에 살고 있는 것도 알고 있다. 그러나 우리들은 상공의 작은 새가 가진 색에는 그다지 의식하지 않는다. 기껏해야 머리 위 나무의 꽃과 과실의 색 정도일 것이다.

도시에 있어서도 자연의 색채가 지표 가까이에 있다는 것을 좀 더 의식할 필요가 있다. 파리의 거리는 지표 부근의 색채가 잘 정리되어 있다. 매력적인 상품이 진열된 쇼 윈도우의 디스플레이, 선명한 차양을 친 유쾌한 카페, 깨끗하게 도장된 현관문 등 보행자의 일상적인 시야에는 항상 깨끗한 색채가 나타난다. 건물의 중고층부에는 간판도 보이지만 전체적으로는 석조의 벽면이 지배적이다. 산책을 하다보면 차츰 변화하는 색채를 만난

경관법을 활용한 **환경색채계획**

다. 모서리를 돌면 그곳에 또다른 새로운 색채와의 만남이 있어 즐겁다. 이렇듯 사람이 걷는 속도에 맞춘 색 사용이 파리의 거리를 즐겁게 하고 있는 것이다.

토쿄의 신쥬쿠를 걷다 보면 과도한 색채에 압도된다. 그곳에는 저층부터 건물의 고층부까지 벽면의 모든 곳을 색채로 덮어 놓았다. 이렇듯 다양한 원색으로 뒤덮인 상황은 자연계에서는 일어나지 않는다. 이 때문에 인공적이고 다이나믹한 재미도 느낄 수 있지만 이러한 상황에 곧 익숙해져 버리는 것도 문제이다. 원색의 소용돌이 속에 있다보면 곧 눈이 익숙해져 어떠한 고채도의 원색에도 놀라지 않게 된다. 인공적인 도시에 있어서도 색채와의 만남이 좀더 매력적으로 되어야 한다. 보행자의 눈높이에 상응하는 건물의 비교적 낮은 부분의 색채가 있고, 하늘을 올려다 볼 때에는 가로수의 생기 있는 녹색이 보이며, 건물 상층부의 외벽은 하늘과 조화돼 그다지 강하게 의식되지 않도록 하는 것이 배색의 기본이지 아닐까. 지표 가까이에 색채가 있고 걸어다닐 때마다 차츰 새로운 색을 만나는 것이 도시생활을 즐겁게 한다.

| 자연의 색은 지표 가까이에 있다. 인간은 상공과 심해의 색을 느낄 수는 없다. 자연의 색은 우리들의 신체 주변에 있다.

경관법을 활용한 **환경색채계획**

자연은 관계성을 중요히 여긴다

색 자체에 좋고 나쁨이 있는 것은 아니다. 색채는 여러가지 관계에 따라 그 이미지가 변한다. 자연계는 이런 관계를 교묘히 살리고 있기에 그 배색이 절묘하다. 나비나 새의 다양한 색사용 또한 모든 것이 매력적이다. 또한 선명한 새와 녹색의 나뭇잎과의 관계도 매우 훌륭하게 디자인되어 있다. 어떤 것에는 대비관계를 사용해 선명한 색을 보다 선명하게 하며, 또한 어떤 것은 서로 가까운 색상의 그라데이션을 사용하여 온화한 인상을 전해 준다. 이러한 뛰어난 배색은 모두 다 혹독한 환경 속에서 살아 오며 목숨이 위태로울 정도의 큰 시련을 거쳐 획득된 지혜의 결과이다.

또한 자연은 색과 형태가 조화롭게 관계되어 있다. 예를 들어 어떤 종의 나비의 날개에는 원형의 무늬가 보이지만 이 나비가 날개를 펴 잎에 멈추어 서 있을 때는 동물의 눈과 같이 둥근 무늬가 나타나 적을 위협한다. 공작이 날개를 펼 때의 눈부시게 아름다운 패턴도 이 나비의 날개와 같이 적의 눈을 속이는 효과가 있다.

더욱이 자연이 색을 사용할 때는 주변 환경색과의 관계를 중요시한다. 동식물의 색 이미지는 그 배경과의 관계에 따라 정해진다. 호랑이의 검고 노란 대비의 강한 줄무늬는 동물원의 콘크리트 우리에서는 매우 눈에 띄지만, 본래 호랑이가 생존해온 환경 속에서는 보호색으로서 작용해 주변환경 속에 몸을 감추어 준다. 얼룩말의 검고 흰 패턴도 그들이 생존하는 환경에서는 큰 몸을 은닉하는 작용을 한다.

동식물이 살아 가기 위해서는 주변환경과의 색채관계가 결정적인 의미를 가진다. 그들의 몸 색은 환경 속에서는 돌출된 색으로서 작용해 눈에 띄는 존재가 되거나 혹은 주변의 색에 동화되어 은닉색으로 되거나의 크게 두 가지로 나뉜다. 이것은 배경색채에 따라 그림의 색채가 달라 보이는 것과 같은 동시대비의 효과로서 알려져 있다. 회색의 색표는 흰 배경색 앞에서는 어둡게, 검은 배경색 앞에서는 밝게 보인다. 밝게 보이는 것만이 아닌 그림과 배경의 색상과 명도도 잘 조정해 나열하면 같은 그림색이라고는 믿을 수 없을 정도의 다른 색채로 보인다. 이렇듯 동물은 살아 나가기 위해 환경과 몸의 색채관계를 매우 훌륭히 조정하고 있는 것이다.

이렇듯 자연계는 색과 색, 형태와 색, 환경과 색의 관계를 복잡하면서도 뛰어나게 사용하고 있다. 그럼 다음으로 자연이 행하고 있는 색채 디자인을 바탕으로 환경색채계획 속에서 '색과 색', '색과 형태', '색과 환경'의 관계를 어떤 식으로 다룰 것인가를 생각해 보자.

경관법을 활용한 **환경색채계획**

자연은 매우 훌륭한 컬러리스트이며 그 색 사용은 절묘하다. 인간은 색채 디자인을 자연에서 배우지만 아직 그 모든 것을 배운 것은 아니다.

04

관계성을 중요시하는
환경색채계획

관계성을 중요시 하는 환경색채계획

색과 색의 관계를 연구하는 배색이론은 많다. 패션의 세계에서는 매년 새롭게 유행하는 배색이 발표되고, 신기함을 추구하는 업계는 이 진기한 배색에 연구를 거듭하고 있다. 최근은 이러한 상황이 개인주택과 맨션, 오피스 건물의 외장 디자인에도 영향을 미쳐 건축물을 상품으로 취급해 화려한 배색을 사용하는 예도 많다. 그러나 건축의 외장색은 도시경관의 기초가 될 부분이며 자연으로 말하자면 대지의 색에 상응한다. 자연은 움직이지 않는 거대한 면적을 차지하는 흙과 모래, 바위에 저채도 영역의 색을 주었다. 지역의 자연소재인 돌과 흙, 목재로 지어지던 시대의 건물은 자연계와 같은 저채도의 색채로 정돈되어 있었다. 그리고 그 시대의 배색은 기껏해야 재료를 구분하여 사용하는 것이 기본이었다. 이 시대의 건축물군은 지역마다 동일한 느낌의 색채를 갖추고 있었다. 나무와 흙과 돌의 색채로 정리되면 모든 곳이 어둡고 지루한 곳이 될 것이라고 생각하는 사람이 있을지도 모른다. 그러나 실제는 자연계의 기조색이 되어 있는 이러한 색들은 놀라울 정도로 다채롭다. 자연소재를 사용하던 시대의 거리색채는 자연이 정해 주었다. 현대는 화학안료가 발달해 내구성이 좋은 고채도의 색채가 개발되어 지금까지는 없었던 다양한 색채사용이 가능하게 되었다.

그러나 풍부한 색재료의 발달로 색채선택이 자유롭게 된 무렵부터 거리의 통일감은 붕괴되었다. 관례적으로 사용되어 온 자연소재의 색채범위로 정돈돼 있던 지역에서도 새로운 원색의 건물이 난입해 들어 왔다. 현재는 새로운 건축물의 색채를 정할 때에도 인접한 집들과의 관계는 거의 고려되고 있지 않다. 오히려 그것들과 차별화하려는 개인 취향에 적합한 색채 이미지에 따라 선택되고 만다. 한 동의 주택배색에도 지붕과 벽의 색채 밸런스를 생각하지 않고 각 부위의 색채를 개별적으로 정하는 경우도 많다. 개보수의 경우에도 전문가의 색채 어드바이스를 받는 경우도 거의 없다. 반대로 산뜻한 느낌으로 하기 위해 파란색, 즐거운 분위기를 연출하기 위해 노란색을 사용하는 등, 건축물에는 적합치 않은 색채를 왜곡된 지식으로 유도하고 있는 경우도 많다.

건물에는 오랜 시간을 걸쳐 쌓아 올린 배색의 룰이 있다는 것을 알아야만 한다. 건물의 색채를 정할 때는 색채의 배색관계, 건축형태와 색채의 관계, 그리고 주변건물과 자연환경의 색채 관계 등을 종합적으로 판단해 정해야만 한다. 그러한 색사용이 바로 자연이 가르쳐 준 것이다.

색과 이미지

컬러 이미지의 폐해 상품의 색채계획에는 색이 가진 이미지의 힘을 중시한다. 성인의 맛을 강조한 비타 초콜릿에는 검정과 짙은 갈색이 주로 사용되어 있으나, 캔디의 포장지만은 부드러움을 지닌 소프트한 색조가 사용된다. 이러한 컬러 이미지는 포장재만이 아닌 건축의 외장 색채계획에도 적용된다. 캐주얼한 분위기의 외관에는 파스텔 톤의 색채가 사용되고, 고급스런 집에는 차분하고 수수한 색채가 권장된다. 그러나 이러한 컬러 이미지 전략은 종종 지역의 경관을 혼란시킨다.

어떤 현의 직원연수회에서 이러한 컬러 이미지를 활용한 거리 정비계획을 제안받았다. 그룹을 5~6개로 나누어 주변 사람과 상담하지 않고 각자의 주택 외벽색과 지붕색채를 일본도료공업회의 도료용 표준색 중에서 선택하도록 했다. 그때, 6개로 나눠진 각 그룹에는 각각의 이미지 키워드를 배분했다. A그룹에는 '차분한', B그룹은 '모던한', C그룹에는 '캐주얼한', D그룹에는 '밝은', E그룹에는 '해안에 어울리는', F그룹에는 연수를 했던 현의 '지역다움'을 표현하도록 지시했다. 그렇게 하여 각 그룹에서 제출된 주택의 외장색을 142쪽, 143쪽에 표시했다. 그곳에는 이대로 도장되면 지역경관에 중대한 영향을 미칠 것만 같은 색채가 사용되어 있으나, 이것은 연수를 받았던 사람들의 감성에 특별히 문제가 있는 것은 아니다. 이러한 과제를 내면 일본 어디에서라도 비슷한 결과가 얻어진다. 표현하고 싶은 이미지에 집착하다 보면 아무래도 채도가 높은 색채를 고르는 경향이 있다. 그러나 연수회를 행한 회의장의 창을 열어, 주변에 펼쳐진 개인주택을 보면 예상된 만큼 다양한 색채가 사용돼 있지 않다는 것을 알 수 있다. 그곳에 보이는 것은 흰색, 베이지, 갈색 등의 비교적 부드러운 색채들이다. 컬러 이미지 전략은 경쟁사의 제품과 차별화하기 위한 수단이다. 거리 전체의 방향성을 정하지 않고 컬러 이미지만을 개개의 주택 외장에 표현하는 것은 문제가 있다.

지금까지의 컬러 디자인은 대상을 매력적으로 만드는 것은 발달되어 있으나, 대상과 대상과의 관계성은 묻지 않았다. 상품과 같이 단순히 처리할 수 없는 주택의 색채에서는 먼저 주변에 사용된 색채를 중요시하여 그것들과의 조화관계를 계획하는 것이 중요하다.

A그룹 : 이미지 키워드 「**차분한**」

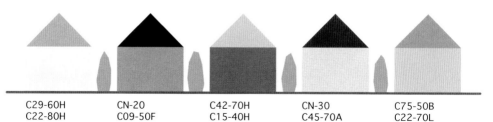

| C29-60H | CN-20 | C42-70H | CN-30 | C75-50B |
| C22-80H | C09-50F | C15-40H | C45-70A | C22-70L |

B그룹 : 이미지 키워드 「**모던한**」

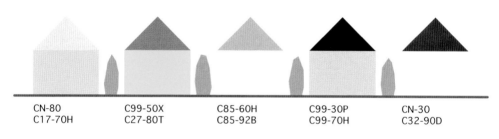

| CN-80 | C99-50X | C85-60H | C99-30P | CN-30 |
| C17-70H | C27-80T | C85-92B | C99-70H | C32-90D |

C그룹 : 이미지 키워드 「**캐주얼한**」

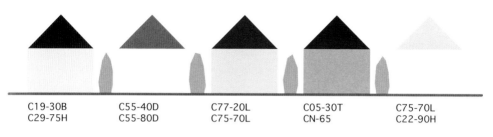

| C19-30B | C55-40D | C77-20L | C05-30T | C75-70L |
| C29-75H | C55-80D | C75-70L | CN-65 | C22-90H |

경관법을 활용한 **환경색채계획**

D그룹 : 이미지 키워드 「**밝은**」

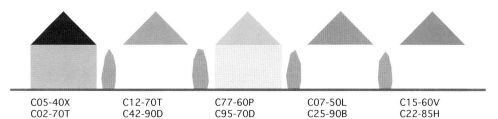

| C05-40X | C12-70T | C77-60P | C07-50L | C15-60V |
| C02-70T | C42-90D | C95-70D | C25-90B | C22-85H |

E그룹 : 이미지 키워드 「**해안에 어울리는**」

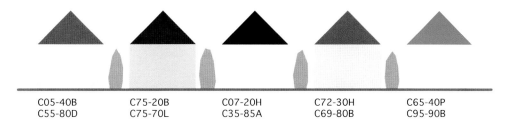

| C05-40B | C75-20B | C07-20H | C72-30H | C65-40P |
| C55-80D | C75-70L | C35-85A | C69-80B | C95-90B |

F그룹 : 이미지 키워드 「**지역다움**」

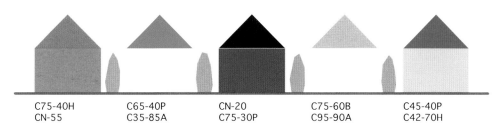

| C75-40H | C65-40P | CN-20 | C75-60B | C45-40P |
| CN-55 | C35-85A | C75-30P | C95-90A | C42-70H |

상단 : 지붕색 번호
하단 : 벽색 번호
(일본도료공업회 도료용표준색)

색과 색

주택 외장을 개인의 취향대로 표현하게 되면 도시는
결코 아름답게 될 수 없다. 색채를 포함한 건축양식이
확립되어 있는 지역이나, 주민의 취향이 좋거나, 주변과의 관계
를 배려한 집을 짓고자 하는 의식이 높다면 모르겠지만 오늘날
과 같이 새로운 건축재료가 넓게 유통되어 어떤 색채라도 자유
롭게 사용할 수 있게 된 상황에서는 집들이 군으로서 정리될
수 있도록 보이는 곳의 색사용에 관한 룰이 필요하게 되었다.

연수회에서는 먼저 컬러 이미지 전략의 폐해를 알게 한 후 주
택배색의 기본을 설명했다. 이에 일본도료공업협회의 도료용표
준색 견본에 기록된 색표번호의 지정을 통해 배색 룰의 필요성
을 가르치기로 했다. 색견본집의 순색의 빨강은 C07-40X과 같은
번호가 붙어 있다. C는 발행년도를 나타내는 것이므로 이 부분
은 제외하고 07 부분은 ㄱ, 40 부분을 ㅁ 그리고 X부분을 ㅎ으로
하는 4개의 룰을 정했다. 첫번째 색채 룰에 있어서 주택의 벽면
색은 ㄱ을 17~22, ㅁ을 85 이상, ㅎ을 A나 B중에서 고르기로 했
다. 또한 지붕색은 ㄱ을 17~22, ㅁ을 30 이하, ㅎ을 A나 B 혹은
N10 ~N30으로 했다. 그러나 현관문의 색채는 자유롭게 택하도
록 했다. 두번째 색채 룰은 벽면색의 ㄱ을 19~22로 하고 ㅁ은 자
유롭게, ㅎ은 A~L로 하고 지붕색은 ㄱ을 17~20, ㅁ은 30 이하, ㅎ
은 A나 B 혹은 N10~N30으로 했다. 이 그룹의 현관문의 색채는

ㄱ을 19~22, ㅁ과 ㅎ은 자유롭게 했다. 세번째 룰에서 벽면색은
ㄱ을 자유롭게 하고, ㅁ을 70~80, ㅎ을 F~H로, 지붕색은
N10~N30으로, 현관문은 ㄱ을 벽면색으로 정리하게 하고 ㅁ과
ㅎ은 자유롭게 했다. 그리고 네번째 색채 룰에서는 벽면색 ㄱ은
자유롭게 하고, ㅁ을 60~70, ㅎ을 D로, 지붕색은 N10~N30으로
했다. 현관문의 색은 세번째 룰과 같이 ㄱ을 벽면색과 정돈하기
로 하고, ㅁ과 ㅎ은 자유롭게 했다. 첫번째 색채 룰에 따라 선택
된 주택군을 151쪽에 나타냈다. 그리고 두번째 색채 룰에 따라
선택된 주택군을 154, 155쪽에 나타냈다. 컬러 이미지 키워드에
따라 선택된 색채와는 명백하게 다르며, 주택다운 차분한 통일
감이 생겨난 것을 알 수 있을 것이다.

먼셀 표색계

먼셀 표색계는 미국의 화가이자 미술교사였던 알버트. H. 먼셀 1858~1918년이 창안해, 1905년에 발표한 색표시 체계이다. 그 후 먼셀 의 개념은 색표집 Atlas of the Munsell Color System으로 구체화되었 다. 1929년에는 『Munsell Book of Color』의 초판이 발행되었지만 그 후 미국 광학협회OSA의 측색협의회가 여러가지 과학적 검토를 더 해 1943년에 수정 먼셀 표색계를 발표하였고 이것이 현재의 먼셀 표색계가 되었다. JIS 표준색표는 이 수정 먼셀 그대로를 물체색의 표색계로서 채용하고 있다. 먼셀 표색계에 있어서 색채는 표현법 은 색상, 명도, 채도의 각각 독립된 3종류의 색채성질3속성로 하나의 색채를 표시하는 방식으로 되어 있다.

먼셀 표색계는 일본에서 가장 일반적으로 사용되고 있는 물체색을 위한 표색계이다. 지각적인 등간격을 가지도록 척도화되어 있어 먼 셀 기호로부터 실제의 색채를 유추하는 것도 비교적 용이하다.

먼셀 기호는 색상 명도/채도HV/C의 순으로 표기하며, 예를 들어 적 색의 순색 5R 4/14는 5알4의 14라고 읽는다. 또한 채도 0의 무채색 은 N3.0과 같이 표시한다.

색상(Hue)　색상은 색맛을 나타내며, 적R, 황Y, 녹G, 청B, 자주P의 5 색상을 기본으로 거기에 중간의 황적YR, 황녹GY, 청녹BG, 청자PB, 적 자RP를 나누어 10색상으로 한다. 이러한 10색상의 사이를 다시 4등 분한 것의 합계 40색상을 원주에 순서별로 배열하여 색상환을 형 성하고 있다.

명도 (Value)　　명도는 밝기를 나타내는 완전흡수의 이상적인 흑색이 0, 완전반사의 이상적인 백색이 10이 되며, 그 사이를 지각적인 등간격이 되도록 10단계로 배열하고 있다.

채도 (Chroma)　　채도는 선명함을 나타내며 무채색축을 중심으로 동심원상에 배열되어 중심으로 멀어질수록 선명한 색이 되고 채도의 치가 높아진다.

일본도료공업회의 도료용 표준색도 이 먼셀치로 기록되어 있어 색표번호도 먼셀치에 대응하고 있다. 예를 들어 C07-40X라는 원색의 적색 먼셀치는 7.5R 4/14이다. 일본도료공업회의 색표번호의 최초 C부분은 발행년도 기호이며 1954년 초판을 발행하고 나서 27판째에 해당하는 2005년도 발행판이 C판이다. 다음의 07은 먼셀치의 색상에 대응한다. 02는 2.5R, 05는 5R, 그리고 07은 7.5R을 의미한다. 더욱이 40X의 40은 명도 4를 의미하며 X는 채도 14를 표시한다. 채도는 A가 0.5, B는 1.0, C는 1.5가 되어, A, B, C, D로 나아갈수록 고채도가 된다. 이러한 일본도료공업회의 색표번호는 먼셀치에 명확히 대응하고 있으나 독자적인 기호로 표기함에 따라 다소의 오차를 허용하고 있다.

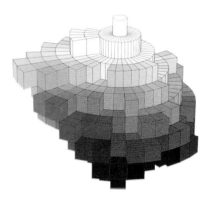

유사색 조화의 거리

제1의 색채 룰을 한번 더 확인해 보자.

벽면색	지붕색	현관색
ㄱ : 17~22	ㄱ : 17~22	ㄱ : 자유
ㅁ : 85 이상	ㅁ : 30 이하	ㅁ : 자유
ㅎ : A~B	ㅎ : A~B	ㅎ : 자유
	또는 N10~N30	

일본도료공업회의 색표번호로 규정한 색채 룰을 먼셀치로 변환시켜 보자.

벽면색	지붕색	현관색
색상 : 7.5YR~2.5Y	색상 : 7.5YR~2.5Y	색상 : 자유
명도 : 8.5 이상	명도 : 3 이하	명도 : 자유
채도 : 0.5~1	채도 : 0.5~1	채도 : 자유
	또는 N1~N3	

이 색채 룰을 정하고 각자가 선택한 주택의 외장색을 나열해 보면 149쪽에 나타낸 것과 같이 되었다. 외벽은 밝고 온화함이 있는 흰색으로 정돈되었고, 지붕은 바랜 갈색이나 흑색이, 혹은 흑색에 가까운 진한 회색이 된다. 조금 지나치게 정돈되어 개성이 없어 보인다고 느낀 사람을 위해 현관문의 색채는 자유롭게 선택하도록 했다. 이 색채 룰은 색상을 7.5YR~2.5Y라는 비교적 좁은 범위에 한정하고 거기에 명도 8.5 이상, 채도 1 이하로 했기 때문에 선택된 색채는 대부분이 유사하다. 이러한 범위에서 선택된 외벽은 비슷한 색채가 늘어선 유사색 조화형의 거리를 구성한다.

제 1 룰

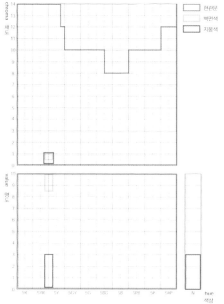

범례:
- 현관문
- 벽면색
- 지붕색

| 면셀치로 변환한 색채 룰의 범위를 면셀 도표에 표현했다.

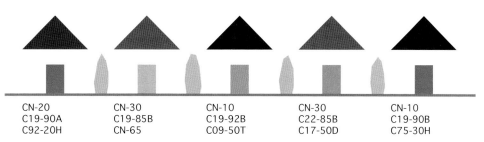

CN-20	CN-30	CN-10	CN-30	CN-10
C19-90A	C19-85B	C19-92B	C22-85B	C19-90B
C92-20H	CN-65	C09-50T	C17-50D	C75-30H

| 제1의 색채 룰에 따라 선택한 주택의 외장색. 다섯 채의 주택은 유사색 조화형의 거리를 구성한다. 그림 밑의 번호는 일본도로공업회의 도료용 표준 색견본으로 위에서부터 지붕, 벽, 문의 색채를 나타내고 있다.

상단 : 지붕색번호
중단 : 벽색번호
하단 : 문색번호

색상조화형의 거리

제2의 색채 룰은 다음과 같이 되었다.

벽면색	지붕색	현관색
ㄱ : 19~22	ㄱ : 17~22	ㄱ : 19~22
ㅁ : 자유	ㅁ : 30 이하	ㅁ : 자유
ㅎ : A~L	ㅎ : A~B	ㅎ : 자유
	또는 N10~N30	

일본도료공업회의 색표번호로 규정한 색채 룰을 먼셀치로 변환시켜 보자.

벽면색	지붕색	현관색
색상 : 10YR~2.5Y	색상 : 7.5YR~2.5Y	색상 : 10YR~2.5Y
명도 : 자유	명도 : 3 이하	명도 : 자유
채도 : 0.5~6	채도 : 0.5~1	채도 : 자유
	또는 N1~N3	

이 색채 룰에 따라 각자가 선택한 주택의 외장색을 나열해 보면 151쪽에 나타낸 것과 같다. 외벽의 색상은 10YR에서 2.5Y와 같이 좁은 색상폭에 들어 있기 때문에 선택된 색채는 온화함을 가지고 있다. 명도는 자유롭기 때문에 명암의 차는 있지만 채도가 6 이하로 설정되어 있어 그다지 화려한 색채는 나오지 않는다. 그리고 액센트로 되어 있는 현관문의 색은 명도·채도 다같이 자유롭지만 색상은 벽면색과 정돈되어 있기에 조화감이 있다. 이 색채 룰에 따르면 유사색 조화형의 거리보다는 변화가 크지만 색상이 정돈되어 있기 때문에 통일감을 잃지 않는다. 이러한 명도·채도의 자유로움을 어느 정도 인정하면서도 색상

경관법을 활용한 **환경색채계획**

폭의 설정을 통해 색상조화형의 거리가 만들어진다. 또한 이 색채 룰로 설정된 10YR에서 2.5Y라는 색상은 일본건축물의 외장 기조색으로서 가장 많이 사용되는 색상이다.

제 2 룰

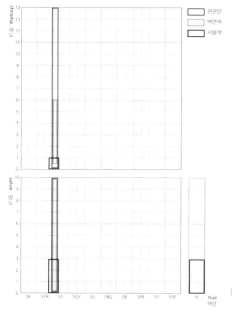

| 먼셀치로 변환한 색채 룰의 범위를 먼셀 도표에 표현했다.

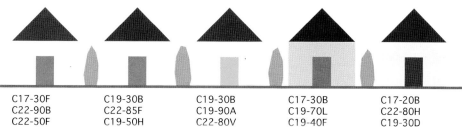

C17-30F	C19-30B	C19-30B	C17-30B	C17-20B
C22-90B	C22-85F	C19-90A	C19-70L	C22-80H
C22-50F	C19-50H	C22-80V	C19-40F	C19-30D

| 제2의 색채 룰에 따라 선택한 주택의 외장색. 다섯 채의 주택은 색상조화형의 거리를 구성한다.   상단 : 지붕색번호
중단 : 벽색번호
하단 : 문색번호

톤 조화형의 거리

제3의 색채 룰은 다음과 같이 되었다.

벽면색	지붕색	현관색
ㄱ : 자유	N : 10~N30	ㄱ : 벽면의 ㄱ과 동일
ㅁ : 70~80		ㅁ : 자유
ㅎ : F~H		ㅎ : 자유

일본도료공업회의 색표번호로 규정한 색채 룰을 먼셀치로 변환시켜 보자.

벽면색	지붕색	현관색
색상 : 자유	N : 1~N3	색상 : 벽면과 같은 색상
명도 : 7~8		명도 : 자유
채도 : 3~4		채도 : 자유

제4의 색채 룰을 한번 더 확인해 보자.

벽면색	지붕색	현관색
ㄱ : 자유	N : 10~N30	ㄱ : 벽면의 동일 색상
ㅁ : 60~70		ㅁ : 자유
ㅎ : D		ㅎ : 자유

일본도료공업회의 색표번호로 규정한 색채 룰을 먼셀치로 변환시켜 보자.

벽면색	지붕색	현관색
색상 : 자유	N : 1~ N3	색상 : 벽면과 같은 색상
명도 : 6~7		명도 : 자유
채도 : 2		채도 : 자유

제3, 제4의 색채 룰에 따라 자유롭게 선택한 주택의 외장색을 나열해 보면 154, 155쪽에 나타낸 것과 같다. 외벽에는 한색계의 색채가 선택되어 풍부한 변화의 분위기가 만들어져 있지만, 명도나 채도에는 일정한 폭이 있어 통일감이 생겨났다. 명도와 채도를 같도록 한 색채상태라는 의미에서 톤이라 부르며, 이 톤을 정리하면 다양한 색상이 있어도 조화감이 생겨난다. 이때 지붕의 색채는 다양한 색상에 맞도록 검정이나 검정에 가까운 회색으로 한정한다. 또한 액센트가 되어 있는 현관문의 색채는 벽면색과 색상을 톤을 맞춘 범위에서 선택되어 있기에, 한 채의 주택의 외벽, 지붕, 문의 색채는 무채색과 하나의 색상에서 맞추어진다. 이러한 색채 룰에 의해 톤 조화형의 거리가 생겨난다.

제 3 룰

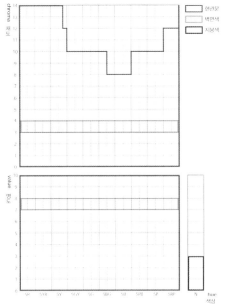

| 현관문
| 벽면색
| 지붕색

| 먼셀치로 변환한 색채 룰의 범
위를 먼셀 도표에 표현했다.

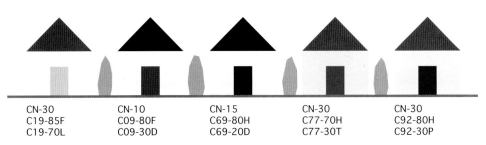

CN-30	CN-10	CN-15	CN-30	CN-30
C19-85F	C09-80F	C69-80H	C77-70H	C92-80H
C19-70L	C09-30D	C69-20D	C77-30T	C92-30P

| 제3의 색채 룰에 따라 선택한 주택의 외장색. 다섯 채의 주택은 톤 조화형의 거리를 구성한다.

상단 : 지붕색번호
중단 : 벽색번호
하단 : 문색번호

제 4 룰

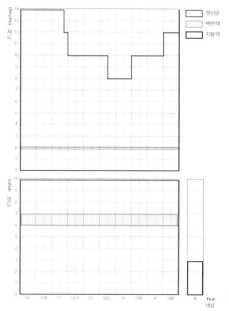

| 현관문
| 벽면색
| 지붕색

| 먼셀치로 변환한 색채 룰의 범위를 먼셀 도표에 표현했다.

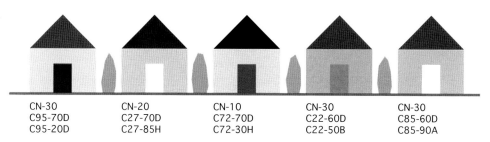

CN-30	CN-20	CN-10	CN-30	CN-30
C95-70D	C27-70D	C72-70D	C22-60D	C85-60D
C95-20D	C27-85H	C72-30H	C22-50B	C85-90A

| 제4의 색채 룰에 따라 선택한 주택의 외장색. 다섯 채의 주택은 톤 조화형의 거리를 구성한다.

상단 : 지붕색번호
중단 : 벽색번호
하단 : 문 색번호

색과 형태

색과 형태의
정합성 색과 형태는 상호간에 긴밀한 관계를 통해 다양한 이미지를 낳는다. 1960년대 후반부터 유행한 슈퍼그래픽은 건축형태의 기능적인 구성에 관계없이 그래픽 디자인이 건축을 덮는 방법이 실험되었다. 그때까지의 건축은 단색으로 마무리하는 경우가 많았으며, 복수의 색으로 배색하는 경우에도 벽면, 발코니, 입구 벽면과 같은 건축부위의 기능별로 색채를 바꾸는 경우는 있어도 벽면에 그림을 그리는 것은 일반적으로 행해지지 않았다. 슈퍼그래픽은 그래픽 패턴으로 건축물을 채색해 다양하고 새로운 색채공간을 만들어 냈다. 그러나 그곳에 실험된 색채공간의 흥미로운 효과가 다음 세대에 이어지는 일은 없었다. 그 원인은 그래픽과 건축형태와의 관계가 깊지 않았기 때문이다. 슈퍼그래픽은 장식을 배제한 기능주의 건축에 대한 반항으로서 큰 반향을 일으켰지만 지나치게 그래픽 표현에 치중하여 스스로 단시간에 쇠퇴해 버리고 말았다. 건축형태와 색채는 상호 밀접한 관계를 가지고 있다. 기분 좋은 색채공간은 이미지의 상승효과를 일으킨다. 슈퍼그래픽에 대한 반성을 통해 1970년대 중반 무렵부터 일본의 환경색채계획이 일어났다. 환경색채계획은 형태와 색채의 관계성을 중요시했다. 일반적인 색채는 건축설계의 마지막에 결정된다. 처음부터 사용될 색채를 이미지하여 그 색채를 살려 건축형태를 디자인하는 설계자도 있지만, 실제의 색채검토는 건축설계의 최종적 단계에 행해질 때가 많다. 색채는 형태를 따라간다. 환경색채계획에서는 계획지 주변의 색채조사를 통해 지역과 조화된 색채 방향을 찾지만, 동시에 그때까지 축적된 건축수법을 존중해 먼저 건축도면을 자세히 읽어 내어 설계의도를 이해하고 그 의도를 색채로서 보강하는 것을 생각해야만 한다.

실제의 색채계획에서는 입면도에 착색을 한 후, 몇 가지의 배색안을 검토한다. 큰 건축물이 가진 위압감을 완화하기 위해 벽면에 복수의 색을 사용해 배색하는 경우도 많지만 그때도 몇 군데에 색을 나눌 것인가에 주의를 기울인다. 기본적으로는 건축부위가 다른 곳을 나누어 칠하고, 동일평면을 그래픽컬하게 나누어 칠하는 것은 피한다. 색채는 주변과의 관계를 정리하는 것과 함께 건축형태와도 조화되는 의미 있는 배색으로 하지 않으면 단시간에 질리고 만다.

│ 건축형태에 맞추어 색채를 잘 배색하면 단색표현에는 없는 풍부한 변화의 표정을 만들어 낼 수 있다.

│ 색채를 바꾸는 것만으로도 같은 건축물에서도 그 표정이 크게 변한다. 몇 가지 색을 사용할 때는 건축의
부위에 따라 배색하는 것이 기본이다.

경관법을 활용한 **환경색채계획**

색과 환경

자연계에는 돌출색과 은폐색이라는 두 가지의 색사용법이 있다. 일반적으로 고채도의 색채일수록 돌출색이 되기 쉽고, 반대로 저채도의 색채일수록 은폐색이 되기 쉬운 경향이 있으나, 최종적으로 돌출색과 은폐색은 배경이 되는 주위환경과의 관계에서 정해진다. 녹색의 산과 밭을 배경으로 하는 목조의 농가는 차분해 보이지만, 이 농가의 색채를 밝은 근대적 도시공간에 가져오면 어둡고 무겁게 느껴진다. 반대로 해안의 밝은 서양식 건물을 녹색이 우거진 산으로 가져오면, 주위의 저명도 녹색과의 강한 대비로 인해 하얗게 떠 버린다. 고명도색은 밝고 경쾌하며 저명도색은 어둡고 무겁게 느껴지는 것과 같은 색 자체가 가진 이미지도 최종적으로는 그 색채가 놓여지는 환경과의 관계에서 정해진다. 그림이 될 색채가 배경에 의해 다양하게 변화돼 보이는 2차원 평면의 동시대비라고 알려져 있는 이 현상이 실제의 환경 속에서도 일어나고 있다. 그렇기 때문에 환경색채계획을 실시할 때는 주위환경이 어떠한 색채를 가지고 있는 가를 파악하는 것이 매우 중요하다.

또한 주변에 자연환경이 많이 남아 있는 경우, 또는 가로수가 심어져 녹색의 공간을 만들고 있는 곳과 같은 환경에 집을 세울 때는 변화하는 자연의 색채를 충분히 배려해야 한다. 수목의 녹색은 봄에는 밝은 황록색의 잎을 피우나 여름을 향해 색상이 녹색 계열로 옮겨가며 명도 · 채도를 낮춘다. 그리고 가을에는 노란색 계열이나 황적색 계열의 색상으로 변화하고, 나무 종류에 따라서는 채도를 올려 단풍의 선명한 색채로 물이 들다 어느덧 채도를 떨어트려 마른 잎이 되어 버리고 만다. 이러한 자연의 색 변화를 저해하지 않는 것이 중요하다. 그러기 위해서는 이 풍부한 변화를 가져오는 수목의 배경이 되는 집의 외장 기조색은 변화하는 나뭇잎 색의 채도보다 낮게 설정하는 것이 기본이다. 채도가 높은 색채는 채도가 낮은 색채보다 사람의 눈을 끈다.

지금까지 건축설계자나 사업주는 건축물의 외장색을 검토할 때, 주변에 있는 색채와의 관계를 충분히 검토하지 않았다. 현재에도 건축물의 완성예정도는 주변건물이 그려져 있지 않으며, 기껏해야 볼륨만을 선으로 나타내는 정도로 새롭게 지어지는 건축물만을 돋보이게 했다. 더욱이 수도권에 급증하는 맨션 등에서는 오히려 주변과의 차별화를 위해 주변에는 없는 특이한 색채를 사용하여 눈에 띄는 것을 노리는 곳도 많다. 색채는 주위와의 관계에 따라 좋게도 나쁘게도 보인다. 이 환경과의 관계를 조정해 지역전체가 아름답게 커나가는 것을 생각하는 것이 절실하다.

경관법을 활용한 **환경색채계획**

| 먼셀 색표를 대상물에 근접시켜 색채를 재는 시감측색법

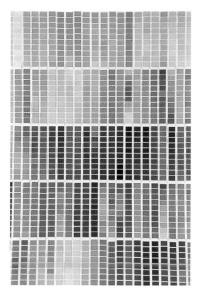

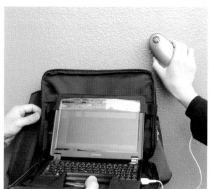

| 색채 측정기를 사용하여 색채를 재는 기계측색법

| 시감측색의 정밀도를 높이기 위해서는 색수가 많은 조사용 색표가 필요하다. 이것은 아크릴 물감으로 특별히 작성한 조사용 색표이다.

환경색채조사의 방법

색채조사와 그 분석방법   색채계획대상에 관계하는 건축물과 공작물 등의 색채를 알기 위해서는 현지에서 색채를 측정하고 기록하는 것이 필요하다. 건축물 등의 측색을 행하는 방법은 크게 두 가지가 있다. 하나는 조사용 색표집을 준비해 측색하고자 하는 대상물에 접근해 직접 인간의 눈으로 재는 시감측색법과 또 하나는 색채측색기를 이용하는 기계측색이 있다. 색채측색기는 정밀도가 낮게 느껴지지만 인간의 눈은 700만에서 800만 정도의 색수를 구분하는 능력이 있다고 알려져 있어 경험을 쌓으면 어느 정도 정밀도가 높은 측색이 가능하다. 이러한 시감측색법에는 조사용 색표의 색수가 문제가 된다. 저채도 영역에 많이 분포하는 건축외장 등의 색채를 정확히 제기 위해서는 상당수의 색수를 수록한 색표집이 필요하여 시판의 색표만으로는 충분치 않다. 이 때문에 조사용 색표를 특별히 만드는 경우도 있다.

색채조사에서는 측색과 동시에 대상물의 사진을 촬영하여 그곳에 사용된 건축재료 등을 기록한다. 필름은 네가티브보다는 포지티브 쪽이 색재현이 좋기 때문에 양쪽 타입을 동시에 기록해 두면 편리하다. 또한 최근에는 디지털 카메라의 성능도 좋아져, 컴퓨터에 직접 읽어 들일 수도 있으므로 보고서 등의 작성에 편리하다. 현장에서 사진촬영을 하여, 나중에 사진을 측색하는 방법도 있지만 색재현의 정밀도를 생각하면 현장과 상당부분 오차를 각오해야만 한다. 조사내용에 따라서는 이러한 방법도 사용되지만 환경색채조사는 현장에서 직접 측색하는 방법이 기본이다.

조사 데이터의 분석　현지조사를 통해 얻어진 색채의 측색치는 그 분포현황과 경향 등을 파악하기 위해 먼셀 도표에 플로트한다. 이 단계에서 사용되는 먼셀 도표는 색상·명도·채도에 따라 3차원 공간에 표시되는 먼셀 색입체를 2차원 평면에 표현한 것을 사용해도 좋다. 먼셀 도표의 2차원 표현은 여러 가지 방법이 있지만, '색상－명도'와 '색상－채도'의 두 가지 그림을 조합하여 표현하는 경우가 많다. 이 표현에서는 하나의 색은 두 가지 그림 속에 플로트되어 두 개의 점의 위치로서 나타낸다. 예를 들어 5YR3.5/2.0이라는 먼셀치는 그림과 같이 2점으로 표현된다.

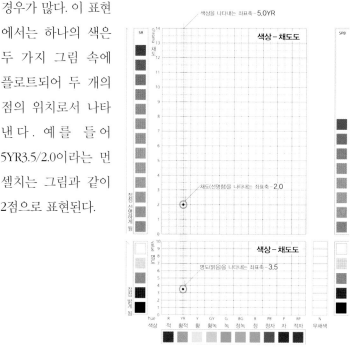

제4장 관계성을 중요시하는 환경색채계획

전통적인 거리의 색

**이즈시쵸(出石町)의
환경색채조사** 많은 일본의 전통가옥의 외벽은 저채도의
색채영역에 편중되어 있다는 것은 이미 서
술했다. 이 색채분포 상황을 실제 조사자료를 통해 좀더 상세하
게 해설하겠다. '타지마의 작은 쿄토'라고 불리우는 이즈시쵸
는 효고현兵庫縣 타지마但馬 지역에 위치한 도시이다. 우리들이 환
경색채조사를 의뢰받았던 1984년경은 격자 선상의 도로를 따라
초가집이 남아 있고 그 속에는 역사적 풍경이 짙게 남아 있었
다. 그러나 그러한 마을은 자동차사회로의 대응에 쫓겨 서서히
역사적인 '이즈시다움'을 잃고 있었다.

우리들은 많은 조사용 색표를 가지고 집들의 연속적인 외벽색
채를 현장에서 측색했다. 이즈시쵸에는 흙벽이 많이 남아 있었
다. 흙벽의 색채는 붉고 인상적인 선명함을 가지고 있었다. 또
한 그러한 적토벽의 집은 민가에 많고, 마을 중심부의 무사가옥
의 집터나 신사에는 진흙칠의 흰벽이 되어 있었다. 마을의 민가
에도 진흙칠이 보였지만 그 벽의 색채는 흰색이 아닌 황색빛을
띄우고 있었다. 우리들은 이 색을 아기 새의 색이라고 불렀고,
적토벽과 나란히 있을 때는 흰벽보다 대비가 부드러워 거리의
연속성이 지켜진다. 이즈시쵸의 외벽색을 측색하여, 먼셀도표
에 플로트해 보면 그 분포현황의 특징이 파악된다. 적토벽의 색
상은 YR옐로우 레드계이고 명도는 5.5 정도가 중심이 되어 있다. 채

도는 일본의 흙벽색으로서는 비교적 높고, 5 이상의 강한 색맛을 느끼게 하는 범위까지 넓게 분포했다. 적토벽 외에도 어린 새의 색이라고 불리우는 밝은 황색빛 벽의 색상은 Y옐로우계로서 명도는 7에서 9 정도에 분포하며 채도는 4 정도까지 있다. 그 외에도 무사의 가옥부지 등에 사용되고 있는 흰 진흙벽의 명도는 9 정도로 색상은 Y옐로우계, YG옐로우 그린계, P퍼플계 등의 적절한 색맛을 가지고 있지만 채도는 대부분 1 이하의 무채색이다.

이즈시쵸에서는 이 조사 후에 책정된 색채기준에 따라 재건축이 진행되어, 한때 붕괴되고 있던 차분한 역사적 분위기가 재생되고 있다. 경관형성지구는 전통지구와 같이 역사적인 건축물의 보존을 지향하는 것뿐만 아닌 현대의 생활과 조화된 거리형성의 방향을 모색하고 있다. 낡고 좋은 것을 남기고, 그것을 이어 현대에 맞는 새로운 건물을 만들 때도 거리의 개성과 통일감을 계승해 나가는 것이 바람직하다.

효고현의 경관형성지구로 지정되어 있는 이즈시쵸에는 적토벽의 건물이 많이 남아 있다.

이즈시쵸의 조사를 위해 특별히 제작된 조사용 색표를 사용해 시감측색으로 건물의 색채를 기록했다.

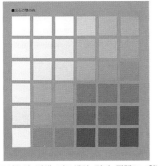
이즈시쵸의 벽색 기조색의 컬러 팔렛트. 흰벽과 어린 새의 색, 적토벽의 색이 나란히 있다.

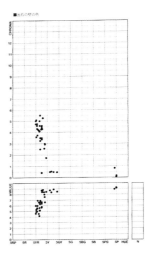
이즈시쵸의 벽면 기조색의 분포현황을 나타내는 먼셀 도표. 조사 데이터를 플로트해 보면 이즈시쵸의 건물색채의 특징이 명확해 진다.

경관법을 활용한 **환경색채계획**

일본 도시의 색채경향

효고현(兵庫縣)의 대규모 건축물의 색채분포

환경색채조사의 기본적인 방법은 프랑스의 컬러리스트 쟌 필립 랑크로가 확립했다. 그는 프랑스의 전통적인 거리를 건축색표로 조사해, 외벽과 조합한 색채를 컬러 팔레트라고 불리우는 일람표에 정리했다. 나는 당시 이 방법에 따라 일본의 건축외장색을 측정하고 색표집으로 정리했지만, 나중에 색표를 측색기로 측정해 데이터화해 보존하는 방법으로 바꿨다. 특히 일본의 전통적인 거리는 페인트가 일찍이부터 보급된 프랑스만큼 색채적이지 않다. 목재와 흙, 진흙 또는 기와와 같이 구운 것이 외장재로 사용하던 것이 일반적이었기 때문에 채도는 낮고 난색계를 중심으로 분포되어 있으며 그 색채범위도 좁다. 169쪽은 2004년 나라현의 환경색채조사를 실시했을 때의 자료이다. 나라현에는 비교적 많은 역사적 거리가 남아 있으며, 이 그림은 지금까지의 색채경향을 나타내고 있다. 5YR에서 5Y 부근에 색채분포가 집중되어 있고, 채도는 대략 3 이하에 들어가 있는 것을 읽을 수 있다. 이러한 전통적인 거리의 색채경향은 현대의 도시에서도 이어지고 있다.

일본의 도시건축물에 관례적으로 사용되고 있는 색채범위를 좀더 자세히 살펴보자. 먼저 1984년에 조사한 효고현의 321건의 대규모 건축물의 외벽 기조색의 자료를 나타냈다. 측색한 데이

67

제4장 관계성을 중요시하는 환경색채계획

터를 먼셀 도표에 플로트해 보면 명확하게 무채색 또는 그것에 가까운 저채도색에 집중되어 있는 것을 알 수 있다. 무채색에 채도 1의 그룹을 더하면 226건이 되고, 그것이 전체의 70.4%에 달한다. 더욱이 채도 2그룹을 더하면 264건으로 82.2%이다. 선명하고 강한 색채를 가진 채도 10 이상의 건축물은 7건이 있어 전체의 2.1%에 지나지 않는다. 눈에 띄는 고채도색은 광고색으로 이용되고 있으며 건축의 기조색으로서 그다지 사용되지 않는다. 효고현의 대규모 건축물의 외장 기조색은 명확하게 저채도 영역에 집중되어 있으며 색상도 전체적으로 난색계에 치우처 있는 것을 알 수 있다. 한색계의 색채는 극히 저채도인 경우에만 존재하며, 중간 정도의 채도를 가진 색채는 R레드계나 YR옐로우레드계의 한색계에만 존재했다.

경관법을 활용한 **환경색채계획**

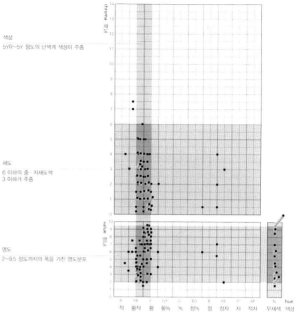

색상
5YR~5Y 정도의 난색계 색상이 주종

채도
6 이하의 중·저채도색
3 이하가 주종

명도
2~9.5 정도까지의 폭을 가진 명도분포

나라현의 전통적인 거리의 색채조사 자료. 먼셀 도표에 플로트된 데이터를 보면 5YR부터 5Y 정도 색상의 채도 5 정도 이하에 색채가 집중되어 있는 것을 알 수 있다.

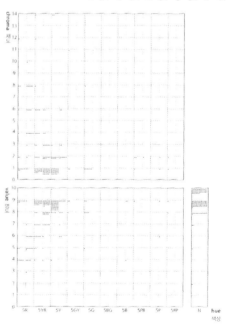

효고현의 대규모 건축물의 외장 기조 색의 플로트노. 난색계의 고명노·서채도 범위에 색채가 집중되어 있는 것을 알 수 있다.

효고현에서 조사한 대규모 건축물 등의 외벽 기조색을 채도별로 분류하면, 색채의 3속성 중에서 채도가 경관에 큰 영향을 미치고 있다는 것이 파악된다.

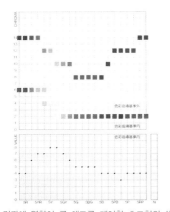

최종 색수 합계 321색		
무채색	121	37.7%
채도1	105	32.7%
채도2	38	11.8%
채도3	12	3.7%
채도4	13(2차색 1)	4.0%
채도6	13(2차색 2)	4.0%
채도8	9	2.8%
채도10	1	0.3%
채도11	1	0.3%
채도12	2(2차색 1)	0.6%
채도14	3(2차색 3)	0.9%
그외	3(2차색 1)	0.9%

※ 2차색 : 외벽 기조색 이외에 특히 큰 면적에 사용되어 경관에 영향이 강한 색채

경관에 영향이 큰 채도를 제어한 효고현의 색채기준. R계, YR계의 색상을 기조색으로 사용하는 경우는 채도 6 이하, Y계의 색상을 사용하는 경우는 채도 4 이하, 그 외의 색상을 사용하는 경우에는 채도 2 이하로 정했다.

효고현의 대규모 건축물 등의 외벽 기조색을 채도별로 분류해 그 비율을 산출했다. 무채색의 채도 1그룹을 더하면 전체의 70.4%나 된다.

건축의 관례색

다음으로 2001년에 토쿄도 분쿄구의 의뢰로 실시한 대규모 건축물 415건의 외장색채 조사결과를 나타냈다. 이 데이터에서는 채도 1 미만이 35.4%, 1 이상 2 미만이 35.9%, 2 이상 3 미만이 14.0%로서 채도 3 미만까지를 더하면 85.3%나 된다. 더욱이 채도 4 미만까지 범위를 넓히면 92.8%에 달한다. 분쿄구에서도 명확히 저채도 색의 집중이 읽혀진다. 더욱이 색상에 주목하면, YR옐로우 레드계가 40.5%, Y옐로우계가 38.6%나 되며 그것에 무채색 N뉴트럴계 2.7%를 더하면 합계 81.8%에 달한다. 거기에 PB퍼플 블루계 5.5%, R레드계 3.4%, GY그린 옐로우계 2.4% 순으로 한색계의 출현빈도는 극히 낮고 또한 이러한 색상은 사용되어도 극히 저채도이며 강한 색맛을 느끼게 하는 색조는 거의 존재하지 않는다. 효고현과 분쿄구의 조사년도가 달라 조금의 차이는 있지만, 색채조사의 결과를 비교하면 둘의 색채분포현황에는 기본적으로 큰 차이가 없다는 것을 알 수 있다. 173쪽 그림(위)은 톤별 비율을 나타내고 있다

건축 외장색은 1960년대까지는 밝은 오프 화이트색이 많으며, 그 후 맨션 등의 외장에 적갈색의 벽돌이 유행했다. 최근은 유리나 금속 패널을 이용한 건축물도 늘어나고 있다. 그러나 이러한 유행색의 대부분은 난색계의 저채도 영역에 들어가 있다. 건축외장에는 이렇듯 관례적으로 사용되는 색채가 존재한다. 그

리고 이러한 색채범위는 자연계에서 큰 면적을 점하는 흙이나 모래, 돌의 색채분포와 겹친다. 이것이 현재의 일본 도시가 가진 색채경향이다. 건축물의 색채계획을 행할 때는 이 관례색 범위와의 조화관계를 배려해야 한다. 최근에는 광고·간판류에 사용되던 선명한 원색을 벽면 전체에 사용한 건축물도 눈에 띈다. 이러한 무질서한 색채사용은 온화한 기조색을 보기 힘들게 한다. 새로움이나 눈에 띄는 색채만을 사용하는 것이 아닌, 일본도시가 가진 관례색을 키워나가 지역의 경관을 재생하는 것이 절실하다.

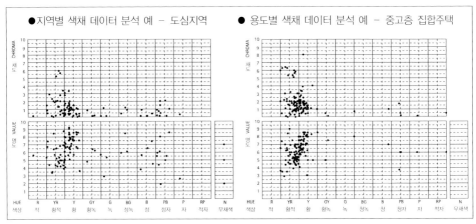

도심지역의 건축물과 중고층 주택의 벽면 기조색의 색채분포. 건축의 외장색은 기본적으로는 지역, 용도와 관계없이 어떤 일정한 색채범위에 들어가 있다.

경관법을 활용한 **환경색채계획**

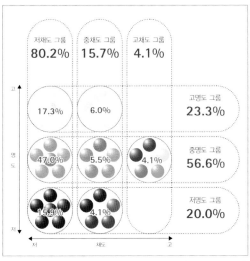

저채도 그룹 **80.2%** 중채도 그룹 **15.7%** 고채도 그룹 **4.1%**

고명도 그룹 **23.3%**

17.3% 6.0%

중명도 그룹 **56.6%**

47.0% 5.5% 4.1%

저명도 그룹 **20.0%**

15.9% 4.1%

고

명
도

저

저   채도   고

| 분료구의 건축물의 외벽 기조색을 톤별로 분류해 각각의 비율을 나타냈다. 온화한 저채도를 기조로 한 건축물이 전체의 80.2%를 점하고 있다.

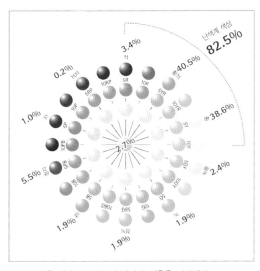

난색계 색상 **82.5%**

3.4%
적

0.2%
자지

온 **40.5%**

1.0%
지

온 **38.6%**

5.5%

온 **2.4%**

1.9%

1.9%

1.9%

2.7%

| 건축물의 외벽 기조색을 색상별로 분류해 각각의 비율을 나타냈다.

색과 유행

색은 유행한다. 1960년대 후반부터 고채도의 사이키델릭한 컬러가 유행했다. 인테리어 업계에서도 적색이나 녹색의 원색 인테리어 모던 가구가 퍼졌고, 건축물도 고채도색을 사용한 슈퍼 그래픽이 세계의 각 도시에 출현했다. 70년대의 오일 쇼크 이후는 세계적으로 하이테크라고 불리는 채도를 억제한 색채사용의 바람도 불었다. 이 시기 일본에서는 벽돌 타일의 외장이 유행해 그때까지의 선명한 색사용이 자취를 감추었다. 그때까지 밝은 오프 화이트가 기조가 되어 있던 거리에는 명도를 억제한 대비적 느낌의 벽돌색이 도시 곳곳에 스며들었다. 그 후 80년대에 들어오면서 한 시기 얼리 아메리카 스타일로 칭해지던 외견에 파스텔 톤의 페인트를 입힌 개인주택이 곳곳에 지어졌다. 90년대에 들어서면서 맨션의 외장에는 얼스 컬러earth color가 자주 사용되었지만, 21세기에 들어와서는 도심부를 중심으로 좀더 모던한 인상을 가진 경쾌한 흰색의 사용이 눈에 띄게 늘었다.

이러한 유행을 들여다 보면 크게 10년 정도의 주기로 채도의 고저가 반복되고 있는 것을 알 수 있다. 단시간에 소비되는 패션이나 생산제품은 이러한 유행을 살려 생활에 변화를 전하는 것도 좋을 것이다. 그러나 좀더 오랫동안 유지되어야 하는 주택이나 상가건물의 외벽에는 과도한 유행색의 표현을 피해야 한다. 유행색을 적용하는 부분은 비교적 소면적의 도장하기 쉬운 부

경관법을 활용한 **환경색채계획**

분에 한정하면 좋다. 유행색은 비교적 단기간에 이용되는, 특히 변화를 연출하는 부분에 사용하면 적절하다. 예를 들어 점포의 디스플레이 윈도우나 햇살을 피하기 위한 차양 등에 시대의 유행에 따른 표현을 한다면 거리는 보다 즐겁게 될 것이다.

최근의 수도권의 맨션은 치열한 판매경쟁에서 살아남기 위해 유행을 선점해 상품으로서의 새로움을 과도히 표현하는 경향이 있다. 맨션을 구입할 때에는 오랫동안 살기 위해 이러한 유행에 흔들리기보다, 거리와의 조화를 배려했는가를 중요한 선택기준으로 삼아야 한다. 유행적인 색사용이 아닌 거리매력의 향상을 기준으로 색채계획을 평가해, 품격 높은 건물을 구입하게 되면 거리는 통일감이 되돌아와 아름답고 살기 좋은 곳으로 된다. 그리고 거리가 통일감을 가지게 되면 유행색은 변화하는 곳에 사용되어 본래의 즐거움을 표현할 수 있게 된다. 자연계에 있어 움직이지 않는 큰 면적을 점하는 곳은 차분한 저채도색이라는 것을 고려해 주길 바란다.

05

관계성의 디자인

관계성의 디자인 - 환경색채계획의 사례소개

환경색채계획에는 색과 색, 색과 형태, 색과 환경 등, 다양한 관계를 배려한 종합적인 판단이 요구된다. 색채에서 완전히 단색으로 보이는 것은 거의 없다. 배경색과의 관계가 있으며 항상 소재감과 형태를 수반하며 나타난다. 이러한 관계를 무시하고 색채가 가진 이미지나 새로움을 느끼게 하는 유행색 정보만을 의존해 색채를 계획한다면 아름다운 경관은 키워지지 않는다.

환경색채계획은 관계성을 정리해가며 최적의 색채를 선택해 나가는 것이나, 이 관계성의 정리는 때로는 매우 복잡하고 어렵다. 또한 환경에 있어 색채를 다루는 데는 어느 정도의 경험이 필요하다. 작은 색견본집에서 색채를 지정해 도장해 봐도, 이미 지한 대로 되지 않는 경험을 가진 사람이 많을 것이다. 작은 색표에서 도장했을 때의 큰 면적의 상황을 판단한다는 것은 경험을 수반하지 않으면 어려울 수밖에 없다. 동시에 어느 정도의 광택으로 하면 효과적인가 또는 옆 건물의 쟉채가 실제로는 어느 정도의 영향이 있는가 등의 것들은 사전에 지식을 얻는 것으로 어느 정도 예측될 지도 모르지만, 최종적으로는 경험을 쌓아 색채감각을 키워 나가는 것 외에는 알 수 없는 것이다. 환경색채계획의 전문가가 되기 위해서는 색채 전문서를 읽어 지식을 몸에 익히는 것과 동시에 건축이나 토목에 사용되고 있는 색채를 정확히 보고 그 효과를 검증해 가는 것이 중요하다. 색채감각이 축적될 때까지는 색표를 가지고 걸으며, 건축물에 실제로 사용되고 있는 색채를 측정해 보는 것도 좋다. 그리고 그 색채가 어떻게 보이는 지를 메모해 색채와 이미지와의 상관관계를 기억해 두는 것도 필요하다.

또한 환경색채계획의 업무에는 건축물과 도로의 색채를 지정하는 것만이 아닌 지역색채의 조사와 색채특성의 파악을 통해 지역경관을 키워 나가기 위한 가이드라인의 책정도 중요하다. 그리고 시민참가의 틀을 넓혀 환경색채의식을 보다 많은 사람들이 공유할 수 있는 작업도 병행해 나가야 한다. 환경색채계획은 거리만들기와 깊이 관여하는 생산이나 패션의 컬러 디자인과는 다른 디자인 영역이다. 환경색채계획은 거리만들기와 환경형성을 위하여 실시하는 것이며 깨끗한 색채작품을 만드는 것이 최종적인 목표가 아니다. 5장에서는 실제의 환경색채계획의 몇 가지 사례를 들며, 거리만들기와 경관형성을 감안한 색채계획의 방법을 찾아보고자 한다.

디자인 코퍼레이션에 의한 거리만들기

마쿠하리(幕張) 베이타운의 색채조정

마쿠하리 베이타운에서는 '건축으로 거리를 만들자'라는 테마로 다양하고 새로운 실험이 진행되었다. 예를 들어 주동住棟 배치는 지금까지의 일본의 대규모 단지에서 일반적이었던 모든 주동의 발코니를 남쪽으로 하는 배치가 아닌 도로에 접해 배치되는 연도형沿道型을 채용해 도로경관을 중시했다. 또한 하나의 지구에 건설된 주동을 복수의 건축가가 설계하고, 거기에 설계조정자가 각 주동간의 조정을 행하는 방법으로 경관에 통일감과 변화를 만들어냈다.

마쿠하리 베이타운 그랜드 패티오스Grand Patios 공원동의 거리에는 주동설계를 담당한 3인의 건축설계자 외에 랜드스케이프 디자이너, 조명 디자이너, 컬러리스트가 참가하는 디자인 코퍼레이션을 통해 거리를 만드는 실험이 진행되었다. 디자인 코퍼레이션은 전문화된 디자인을 종합적인 환경형성으로 재편해 가는 시험이다. 이러한 디자인 코퍼레이션에서는 컬러리스트가 일반적인 색채를 디자인하는 것이 아닌 설계자의 제안을 조정하는 것이 책무가 된다. 공원동의 거리색채계획에서는 먼저 주변의 색채를 조사해, 그 색채의 연속성을 배려한 색영역을 검토하고 그 결과를 건축설계자에게 제시한다. 그 후, 그 색영역을 배려하며 선택한 건축설계자의 제안을 동일한 스케일의 착색

경관법을 활용한 **환경색채계획**

입면도로 제작하여 상호의 색채관계를 검토한다. 그 위에 랜드
스케이프와 조명색채를 더해 종합적인 디자인 조정을 수행한
다. 이러한 거리 전체의 모습을 배려한 종합적인 색채검토를 반
복적으로 수행해, 참가한 디자이너 전원의 경관색채 이미지를
굳혀 간다. 이러한 색채조정작업에는 엄청난 노력이 따르지만,
개별색채의 좋고 나쁨이 아닌 거리 전체의 색채 이미지가 공유
되어 그 후의 세밀한 색채선택이 쉽게 된다.

색채계획의 최종단계에서는 건축재료별 색견본을 작성해 현장
에서 최종적 검토를 했지만, 이 단계에서도 건축설계자의 개성
이 반영될 수 있는 여지를 남겼다. 컬러리스트만이 색채선택의
결정권을 가진 것은 옳지 않다. 거리의 풍경은 다양한 개성을
가진 사람들의 기억이 중첩되어 만날 때 풍부하게 된다. 디자인
코퍼레이션은 통일성과 풍부한 표정이 합쳐진 거리를 만드는
유효한 수단이다.

| 착색 입면도와 모형의 검증으로 결정된 색채견본을 현장으로 가져가 변화하는 기후 아래서 설계자와 검토를 반복했다.

| 마쿠하리 베이타운 그랜드 패티오스 공원동의 거리색채계획에서는 건축설계자가 지정한 색채를 존중해, 먼저 전동을 같은 스케일로 착색한 입면도를 작성해 옆으로 나열된 주동과의 색채관계를 조정했다.

| 공원동의 거리에서는 3인의 설계자가 2동씩 설계했지만 색채조정을 반복적으로 진행하여 전체의 통일감을 만들어 내었다.

경관법을 활용한 **환경색채계획**

공원동의 거리에서 행한 디자인 코퍼레이션은 패티오스 그랜드 엑시아(EXCIA)의 설계에도 적용했다. 건축설계, 랜드스케이프, 조명, 색채를 담당하는 디자이너는 설계조정자의 조정 아래 설계 당시부터 종합적으로 주환경을 검토했다.

지역의 색을 이어 나간다

후지사와(藤澤) 단지의 색채계획

도시재생 기반공사이후 도시기공는 노령화된 단지에 대해 재건축을 진행하고 있다. 일본의 단지는 지금까지 남향 평행배치를 기본으로 한 기능적인 상자형 주택을 수도 없이 건설해 왔다. 수십 년이 경과한 지금에는 단지의 건축의 용적률이 낮고 중층의 주택이 기본이 되었기에 크게 자란 수목으로 덮인 풍요로운 자연환경으로 된 곳도 많다. 환경을 중시하는 도시기공에서는 크게 자란 수목을 일정 기간 그린 뱅크Green Bank에 보관·등록해, 다른 계획지에 이식하는 것도 실시하고 있다. 이러한 제도에 의해 몇 십 년 동안 키운 수목은 벌채되지 않고 거주공간에 윤기를 전한다.

카나가와현神奈川縣 후지사와시 후지사와 단지의 재건축을 실시할 때, 도시기공으로부터 크게 자란 수목과 조화된 외장색채계획에 대한 의뢰를 받았다. 후지사와 역에서 걸어서 15분 정도의 약간 높은 언덕 위에 펼쳐진 후지사와 단지의 현장을 방문해 보니 노란색이 들어간 오프 화이트색이 거의 전동 공통으로 사용되어 있었다. 이 색채는 밝고 온화한 분위기를 가지고 있어 문제는 적지만, 같은 색이 몇십 동의 상자형 주동에 계속돼 있으면 지루함을 느끼게 된다. 단지의 중심에는 점포와 집합시설이 지어져 있지만 다른 기능의 건축물도 거의 같은 색채로 도장되어 변화가 적었다. 그러나 이러한 단조로운 경관을 잘 자라

난 수목이 살리고 있었다. 큰 수목이 있으면 색채의 단조로움은 다소 감추어진다.

후지사와 단지의 색채계획은 크게 자란 수목의 이미지를 저해하지 않으면서도 넉넉한 거리의 표정을 만들어 내도록 했다. 이를 위해 외장색의 채도검토는 특히 중요했다. 또한 지금까지 오랫동안 친숙해진 노란 기운의 오프 화이트색 역시 계승하기로 했다. 이 색채는 명도가 높고 수목과의 명도대비가 다소 심하기 때문에 주동의 중고층부에 사용하고, 일상의 보행자 시선으로 볼 때 수목의 배경이 되는 저층부의 색채는 명도를 낮추었다. 재건축에서는 건축면적도 확대하고 고층주택도 건설되었지만, 높은 건물이 가진 위압감을 완화하기 위해 건축형태에 따라 작은 단위로 분절하여 단조로워 보이지 않는 배색을 고안했다. 또한 전체의 통일감을 흔들지 않는 범위 내에서, 주동의 색상을 조금씩 바꾸어 경관에 변화를 가져오도록 했다. 완성된 후지사와 단지에 참신한 분위기는 없다. 어딘가 예전부터 있었던 것과 같은 차분한 풍경으로서의 친숙함이 있다. 항상 새롭게 변한 색채를 제공하는 것만이 중요한 것은 아니다. 지금까지 친숙해져 온 풍경을 이어나가 더욱 키워 나가는 것이 환경색채계획의 중요한 과제이다.

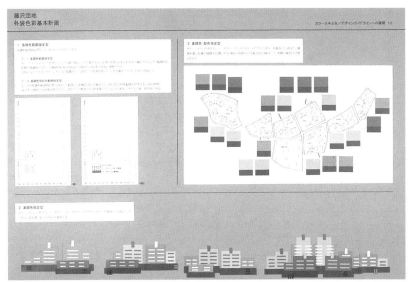

| 후지사와 단지의 재건축 계획에서는 높게 자란 가로수를 가능한 한 남기도록 배려하였고, 색채계획은 이 방침에 따라 가로수를 인상적으로 보이게 하는 방법을 고안했다.

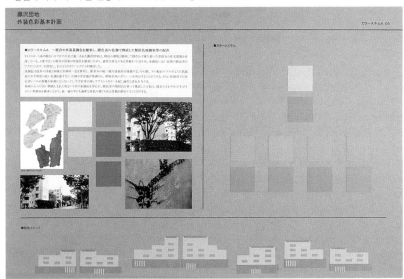

| 색채계획은 복수 작성되어 각각의 잇점을 검토해 압축되어 갔다. 최종적으로는 색상폭을 억제한 색상조화형 안이 채택되었다.

경관법을 활용한 **환경색채계획**

| 완성된 후지사와 단지. 건축형태에 따라 색채사용을 적절하게 분류해, 큰 주동이 가진 위압감을 경감시키고 있다. 풍요롭게 자란 수목이 살 수 있도록 외장색의 채도를 조정했다.

알기 쉬운 색채유도의 룰 만들기

1998년에 쿠마모토현 토목부 경관정비과에서 발행된 '쿠마모토 컬러 가이드 … 경관색채 가이드라인'에는 색채기준을 알기 쉽도록 하기 위한 몇 가지 새로운 시도를 더했다. 일본의 건축 기조색 조사 데이터에 준하여 건축외장용 컬러 시스템을 만드는 것도 그 시도 중 하나였다. 이 컬러 시스템에서는 경관에 영향이 큰 색채의 채도단계를 무채색 그룹, 저채도 그룹, 중채도 그룹, 고채도 그룹의 4단계로 분류했다. 또한 명도단계도 무채색 그룹을 5단계, 저채도 그룹을 3단계, 중채도 그룹을 2단계로 분류해, 전체가 11개의 톤 그룹이 되도록 작성했다. 채도만이 아닌 명도의 분류를 통해 보다 상세한 색채 컨트롤이 가능하게 되었다. 더욱이 건축설계자와 도장업자 사이에서 일반화된 일본도료공업회 도료용 표준색 견본집을 11가지 톤 그룹으로 분류해 일반적으로 사용되고 있는 색표를 사용한 지도·조언이 가능하도록 배려했다. 쿠마모토 가이드라인은 이 11가지 톤으로 분류된 컬러 시스템을 사용해 지금까지 지정되어 있던 7군데의 경관형성지역과 특정시설 신고지구, 대규모 행위, 중점지역 등의 색채기준을 나타내고 있다. 경관형성지역의 가이드라인은 조사에 의해 얻어진 지역 내의 건축외장의 색채특성을 나타내고, 주변의 자연환경을 위협하는 고채도색이나 이미 존재하고 있는 건축물과의 대비가 지나치게 강한 색채는 피해야 할 톤으로 표시했다. 더욱이 각각의 지역특성에 적합한 추천 톤을 표시해, 조사에서 얻어진 주변 경관과 잘 어울리는 건축물의 배색을 추천배색으로 실어 놓았다. 배제해야만 하는 색채만을 넣는 것이 아닌 추천할 만한 색채를 소개하게 되면 경관형성의 방향성이 명확해 진다. 형태와 소재가 정해져 있지 않은 단계에서 색채만을 구체적으로 제안하는 데에 따른 문제도 있을 수 있어, 쿠마모토 컬러가이드에는 형태와 소재가 변해도 큰 문제가 없는 색채를 추천색으로 제시하고 있다.

경관조례 속에 색채기준이 포함된 것은 의외로 그렇게 오래되지 않았다. 그 때문에 색 수치에 의한 환경색채 컨트롤이 익숙하지 않은 지자체도 많다. 이러한 때에 어려운 학구적 색채이론을 적어 두는 것은 실효성이 없다. 그래서 쿠마모토 컬러가이드의 책정에서는 먼저 알기 쉽도록 하는 것에 주의를 기울였다. 대단한 컬러 디자인의 건축물이 생겨나는 것보다, 경관을 저해하는 색채를 제거하여 경관형성의 저변을 확대시키는 것을 제1의 목표로 했다.

| 쿠마모토 컬러가이드의 표지

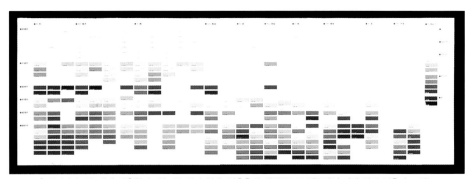

| 컬러가이드를 쉽게 사용할 수 있도록 하기 위해, 건축용의 색견본으로 일본에서 가장 많이 사용되고 있는
일본도로공업회의 도료용 표준색으로 분류해, 사용 가능한 색채의 범위를 실제로 보고, 확인 가능하도록
했다.

경관법을 활용한 **환경색채계획**

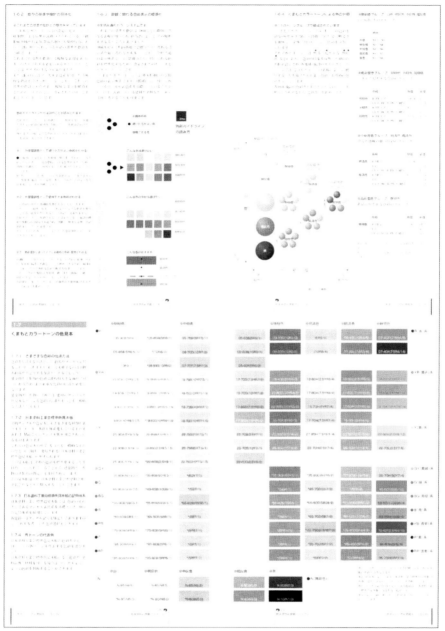

| 쿠마모토 컬러 가이드에서는 건축외장용의 독자적인 컬러 시스템을 설정했다. 이 컬러 시스템은 11개의 톤 그룹으로 이루어져 있으며, 그 톤 분류를 사용해 지역마다의 색채사용법을 명시했다.

지역에 축적된 색채의 재편성

하트 아일랜드 신덴동경도 아다치구 : 東京都足立區은 도시기공이 계획적으로 건설한 신도시이다. 이 도시는 스미다 강가隅田川의 평탄한 대지에 있으며 대형 제방을 따라 완만하게 뚝을 향해 올라간다.

신덴의 환경색채계획의 컨셉은 영국의 아티스트, 앤디 골드워시Andy Goldsworthy가 만든 조형물로부터 촉발되었다. 골드워시는 세계의 다양한 지역을 돌아다니며, 그 지역에만 있는 소재를 사용한 흥미로운 조형작품을 제작하고 있다. 숲의 작은 길에 낙엽이 진 나뭇잎을 황색에서 붉은색까지 정성들여 늘어 놓거나, 극한의 땅에서 얼음기둥을 지면에 세워 자연계에서는 없는 조형물을 만들거나 한다. 특히 나의 기억에 깊게 남아 있는 것으로 돌을 원주형으로 쌓아 올린 조형물이 있다. 그것은 해안이나 자갈밭에서 제작되어 순백의 정점에서 지면 가까이로 갈수록 서서히 검게 물들어 간다. 처음은 주운 돌을 페인트로 칠한 것이 아닐까라고 생각했지만, 작품해설을 듣고 난 후 그곳에 있는 각양각색의 돌을 주워 모아 흰색에서부터 검정색으로 분류한 뒤, 어두운 색의 돌부터 밝은 색에 가까운 돌까지 정성들여 쌓아 올렸다는 것을 알게 되었다. 그것을 통해 그는 무심코 보면 무질서해 보이는 자연이 실은 훌륭한 질서를 가지고 있다는 것을 알리고 싶었다 한다.

신덴의 계획지 주변에는 오래 전부터 일본의 주택이 들어서 있다. 그것들의 외장색은 무질서하고 혼란스러워 보인다. 그러나 골드워시가 제출한 작품처럼 일본인이 무의식 중에서 선택해 온 외장색에는 어떠한 질서가 있는 것은 아닐까라고 생각하게 되었다. 우리들은 이 도시의 색채를 정성들여 채집해 새로운 신덴의 풍경 속으로 이식할 것을 제안했다. 규모가 큰 주동의 기조색 부분에는 주변에서 모은 돌과 모래, 흙, 수목의 나무껍질 부분의 색채를 사용했고, 액센트 컬러에는 후지사와 단지보다도 채도가 높은 색채를 사용했다. 그 채도가 높은 액센트 컬러는 색수도 많고 사용한 면적도 크다. 스미다 강의 상쾌한 제방을 걷다 보면 이 다양한 액센트 컬러가 보이지만 그것들은 이 계획지 주변에서 축적되어온 색채이다. 이러한 방법으로 색채를 선택하고 있기에, 버스에서 내려 기존의 도심을 지나 이 주동을 향하다 보면 색채가 강한 것에 비해 그다지 위화감이 없다. 현재의 주변환경에 대한 평가가 높지 않아도, 환경색채계획에서는 그것을 지역의 개성으로 다루며 지속시켜 나가는 것이 중요하다.

| 하트 아일랜드 신덴의 외장에는 채도가 높은 액센트 컬러가 많이 사용되어 있으나 이러한 색채는 현존하고 있는 주변거리에서 채집된 것이다.

| 집회실과 같은 공공성이 높은 건물은 주동보다 주목성이 높은 색채를 사용하고 있다.

| 신덴에는 하나의 주동에 복수의 액센트 컬러가 사용되어 있으며, 그 중 한 색을 옆 주동에도 사용해 거리의 연속성을 강조하고 있다.

경관법을 활용한 **환경색채계획**

| 주동의 복도 측에는 액센트 컬러를 사용해 단조롭고 지루한 경관이 되지 않도록 배려했다.

| 강가에서 본 경관. 거리에서 볼 때보다 벽면 기조색의 채도를 낮게 하여 넓고 상쾌한 분위기를 만들어 내었다.

경관 어드이바져의 역할 - 어드바이져 제도의 활용사례

최근 경관조례를 책정하고 있는 지자체가 눈에 띄게 증가했다. 이 경관조례 속에 환경색채기준을 설정하는 곳도 늘어나고 있다. 지금까지의 '건축물의 외벽에는 주변과 조화하는 색채를 사용한다' 든지 '건물의 외벽에 화려한 원색은 사용하지 않는다' 등의 정서적으로 규정된 내용만으로는 구체적으로 조화하는 색채란 어떠한 색인가 또한 원색 이외의 색이란 어떠한 색이라도 사용할 수 있는 것인가라는 질문에 대해 행정의 담당자에 따라 다른 해석이 나올 소지가 있었다.

그러한 문제를 해결할 수단으로 수치로 색채를 규정하는 색채기준이 설정되게 되었다. 색채기준은 건축색으로서 사용빈도가 적고 현재의 환경으로 볼 때는 눈에 두드러지게 돌출되는 색채의 사용을 피하도록 하는 네거티브 체크 방법을 기본으로 하고 있다. 개성 있는 지역성을 가진 경관형성지구 등에서는 좀더 적극적으로 사용되어야 할 색영역을 표시하고 있지만, 이러한 색채기준이 마련된 곳은 역사적인 거리가 많다. 관광지로서도 큰 가치가 인정되는 장소나, 그곳에 살고 있는 사람들이 도시에 대한 애착을 가지고 있으며 현재 환경을 지켜 나가려고 하는 의지가 강할 때, 포지티브한 색채기준은 지지를 받는다.

네가티브형이건 포지티브형이건 색채범위에 일정 정도의 자유로움을 인정하고 있는 경우도 많다. 지나치게 좁은 범위이 색채

경관법을 활용한 **환경색채계획**

기준은 새로운 시대변화에 대응하기 힘들며 다양한 표현을 바라는 건축설계자들에게도 지지를 얻기 힘들다. 색 수치에 따른 기준은 정서적 규정의 언어적 표현보다 사용 가능한 색채범위를 명확히 하고 있지만, 이 자유도를 어떤 식으로 해석하는 지에 대한 문제는 항상 남는다. 이러한 문제해결에는 경험을 쌓은 전문가의 판단이 필요하게 된다. 건축의 관례색은 일반적으로 저채도영역에 있기 때문에 극히 작은 색채가 실제 환경에서는 큰 문제가 된다. 색채 어드바이져는 이러한 주변환경과의 관계, 건축형태와의 관계, 그리고 한 동의 건축물에서 배색을 종합적으로 판단해 적절한 지도를 행할 필요가 있다. 또한 행정의 규제 유도만으로 가능한 범위는 한계가 있으며 지역의 아름다운 풍경을 재생해 나가기 위해서는 무엇보다 지역주민의 힘을 필요로 한다. 색채의 판단에는 개인의 취미도 깊게 관련되어 있지만 지역의 풍경형성에는 많은 사람들에게 지지를 받는 상식적인 색채사용이 더욱 유용하다. 이러한 상식적인 색채사용을 넓혀 나가기 위해, 색채 어드바이져는 개별적인 건물의 색채지도만이 아닌 도시만들기에 주민의 참가를 독려하여 환경색채의 지식을 넓혀 나가는 활동에도 전념을 해 나가야 한다.

주변환경과 조화시키다

**키타큐슈시(北九州市)
모지항(門司港)**
후쿠오카현(福岡縣) 키타큐슈시는 어드바이져 제도를 활용하여 섬세한 경관형성을 진행하고 있다. 모지항 주변에는 복고사업을 통해 아름답고 조화된 도시로 변하고 있으며, 특히 이 지구에 있는 모지항 문화센터는 이 어드바이져 제도의 활용으로 부활한 예이다. 문화 센터의 벽돌 타일이 벗겨지자 보수를 위한 색채 어드바이스가 요구된 것은 1999년의 일이었다.

현장에 도착해 보니 시공이 나빴던 탓인지 타일이 벗겨져 있고 위험한 상태에 놓여 있었다. 벗겨져 떨어져 있지 않은 면의 타일은 아직 깨끗한 상태였기에 같은 재료를 사용해 보수하자는 안도 제시되었지만 눈에 보이지 않는 곳에서 파손이 크게 진행되고 있을 가능성도 있어, 현장에서는 벗겨질지 모르는 곳의 타일을 벗겨내어 위에서부터 금속 패널을 붙이는 안을 검토하고 있었다. 이 금속 패널은 화강암 문양이 프린트된 것이었다. 이 돌모양의 금속패널은 조금 떨어져서 보면 진짜 돌과 착각할 정도로 정교하게 만들어져 있었지만 연마한 화강암의 외벽은 모지항의 복고사업의 대상범위 안에는 존재하지 않았기 때문에 이것을 대신할 소재의 검토를 추천했다. 주변 건축물의 색채와 소재를 조사해 그곳에 있던 석재와 벽돌, 스크래치 타일 등의 소재를 검토했지만 시공기간과 예산문제도 있어 사람이 접촉

경관법을 활용한 **환경색채계획**

하는 저층부분은 벽돌 타일 그리고 2층부터 윗부분의 외벽은 금속 패널을 사용하는 것으로 공사가 진행되었다. 금속패널은 돌문양의 프린트가 아닌 단색으로 도장해 금속이 가진 본래의 소재감을 감추지 않고 살려 냈다. 도시정비공단 <small>현재의 도시재생기공</small>의 임대주택으로 사용되고 있던 문화 센터 상층부의 주택외벽도 그에 맞추어 도장하게 되었다. 그때까지 외벽은 오프 화이트로 도장되어 있어 때가 눈에 드러날 정도였지만, 모지항의 선착장에서도 잘 보이는 이 건물을 배경에 있는 산의 녹색과 조금이라도 조화시키기 위해 무겁지 않은 느낌의 한도 내에서 명도를 억제하고, 더욱이 외벽과 발코니의 색채에 대비를 주어 큰 건축물이 가진 위압감을 완화시키도록 조정했다.

이 모지항 문화 센터의 개보수 후, 해안의 창고 색채변경이나 창고를 활용한 미술관의 재도장에도 어드바이져로서 불려가, 그곳에서도 주변에 남아 있던 복고건축물에 대한 색채조사를 실시했다. 주변환경과의 조화, 색채와 소재의 관계 등, 색채기준에 기록되어 있지 않은 상세한 조정은 색채 어드바이져를 활용하는 것이 효과적이다.

| 모지항 문화센터의 색채 어드바이스를 행할 때는 지구에 남아있던 복고건축물 색채를 조사해, 지구의 특징을 키워 나갈 것을 강조했다.

| 개보수된 모지항 문화 센터. 저층부분에는 질감이 있고 표면이 갈라진 느낌의 타일을 섞어 복고건축물과의 조화를 꾀했다.

경관법을 활용한 환경색채계획

| 해안의 창고군은 단순히 주변경관과 맞추는 것보다 항만지구가 가진 역동성을 표현하기 위해 선명한 액센트 컬러를 문 부분에 사용했다.

| 이 건물은 창고를 개조하여 미술관으로 사용하고 있다. 색채는 일부러 창고에서 사용되고 있는 색소보 도상해 이 지구의 특칭이 계승되도록 했다.

지역의 풍경을 개선한다-색채 워크숍의 사례

아름다운 도시는 행정이 경관규제를 강화하는 것만으로는 실현되지 않는다. 지역의 경관형성을 진행하기 위해서는 그곳에 사는 주민의 힘이 필요하다. 행정이나 디자이너가 환경색채의 중요성을 인식하는 것 외에도 일반인들이 건축물 등의 색채에 대한 이해를 심화해 나가는 것이 중요하다. 이러한 시점으로 폭넓게 환경색채계획의 의미를 알려나가기 위한 워크숍을 실시하는 지자체도 늘어나고 있다. 각지에서 환경색채계획의 의미와 지역의 색채기준을 이해하고, 자신들이 살고 있는 도시의 경관을 스스로 지키고 키워나가는 방법이 모색되고 있다. 환경색채 워크숍은 이러한 모색의 과정에서 생겨났다. 그 역사가 미흡하기 때문에 아직 그 수법이 확립되어 있는 것은 아니다. 워크숍은 어느 정도 정해진 수법이 필요하지만 오히려 다양한 참가자의 특성에 맞추고, 또한 지역성을 고려해 항상 새로운 방법을 실험해 지속적으로 갱신해 나가는 것도 중요하다. 새로운 수법을 찾는 지혜를 도시만들기에 살리고 있는 것이다.

수년 전까지 경관색채의 중요성을 인식시키기 위해 경관 심포지엄 등에서 해외를 포함한 여타 도시의 환경색채계획의 성공 사례를 소개하는 일이 잦아졌다. 그러나 환경색채계획의 효과는 해설만으로는 쉽게 이해하기 힘들다. 또한 환경색채계획을 선행한 도시의 사례를 아는 것만으로는 좀처럼 활동의 폭은 넓

경관법을 활용한 **환경색채계획**

어지지 않는다. 지금부터의 경관형성에는 지역의 실정에 맞춘 세밀한 대응이 요구된다. 협력을 넓혀 나가기 위해서는 지역의 색채문제를 과제로 설정해 실제의 해결방법을 검토하는 워크숍이 효과적이다. 아름다운 색채환경을 만들어 나가기 위해서는 지역사람들을 계몽하고, 이 문제에 보다 적극적으로 참가할 주민을 늘여 나가야만 한다. 워크숍이 활발해지게 되면 환경색채를 이해하는 인재가 분명히 생겨난다. 환경색채 워크숍은 이 협력의 주역이 될 인재를 육성하기 위한 유력한 수단이다. 그리고 이것은 다양한 도시만들기와 그것을 수반하는 경관형성의 갖가지 장면에도 대응 가능하며, 쌓여 온 주민의 지혜를 개발하는 데에도 효과가 있다. 그러한 시점으로 진행하고 있는 환경색채 워크숍의 사례 몇 가지를 소개하고자 한다.

지역을 키우는 색채교실

카나가와현神奈川縣 요코스카시는 주민의 환경색채에 대한 계몽활동의 일환으로, 매년 환경색채계획을 체험하는 색채교실을 실시하고 있다. 지금까지는 주택이나 공장의 벽, 공원의 놀이도구를 대상으로 색채계획을 실시하여 그 계획에 따라 실제의 재도장을 행해 왔다. 이러한 교실에 참가하는 주민은 조사를 통해 지역의 색채적인 특징을 읽어들이는 방법을 습득해, 색채계획의 프로세스를 체험한다. 그리고 지정된 색표를 통해 도장된 실제의 주택이나 공원의 놀이도구를 관찰해 작은 색표가 큰 색면이 될 때의 색채이미지의 차이를 알게 된다.

지역의 색채는 최종적으로는 그곳에 살고 있는 주민이 선택해 키워 나가는 것이다. 그리고 그곳에는 색사용의 룰이 필요하다. 이 룰이 공유되어 있지 않은 단계에서는 지금까지의 지역에 축적된 색채를 소중히 여기는 것이 기본이다. 개인의 취미나 유행에 따라 마음대로 색채를 선택한다면 언제까지라도 지역경관은 혼란스러운 채로 남는다. 지역의 색사용의 룰을 만들 때는 지역에 사는 사람들이 무의식중에 선택하여 축적해 온 색채를 알아 나가는 것이 필요하며 또한 자연계가 가지고 있는 색채의 질서를 배우는 것도 잊지 말아야 한다.

요코스카시의 색채교실에는 4회 정도의 프로그램이 실시되어 왔다. 먼저 1회째는 색채계획의 대상이 될 주택과 놀이기구가 있는 주변환경의 색채를 조사하고, 2회째는 색채분석을 통해 지역의 특성을 파악한다. 3회째는 도면에 칠을 하여 형태와의 관계를 검토한다. 그리고 4회째는 조사에서 색채제안까지를 보드에 정리해 그룹마다 발표를 한다. 이 속에서 우수한 색채제안을 선정하여 실시 설계안으로서 실제의 도장을 행한다. 색채교실의 제안에 따라 토시바 라이팅 공장의 콘크리트 담장이 주변주택가와도 어울리는 옅은 그라데이션으로 도장되었고, 이 활동이 도화선이 되어 그 후 이 지구는 도로를 정비할 때는 색채에 특히 주의를 기울이게 되었다. 보호 펜스에는 경관을 배려한 다크 브라운이 사용되었고 더욱이 보도교량은 보호 펜스와 색상을 맞춘 베이지 계통의 색채로 칠해졌다. 또한 전주에 광고를 부착해 지역정보를 전달하는 실험도 행해졌다. 이러한 워크숍의 효과가 그 후 색채정비의 방향성으로 이어지게 되면 주민참가의 도시만들기는 좀더 활발해질 것이다. 환경색채 워크숍은 이러한 가능성까지 시야에 넣고 프로그램을 고안하면 더욱 즐거워진다.

| 요코스카시에 있는 공장의 콘크리트 담장을 주변주택에 맞도록 옅은 그라데이션으로 도장했다. 이 워크숍에는 지역의 도색조합도 참가해 담장은 첫날에 크게 달라 보일 정도로 아름답게 되었다.

| 공장의 콘크리트 담장의 재도장이 촉발제가 되어 이 부근의 도로정비에는 색채계획이 중시되게 되었다. 최근에는 실험적으로 전주의 광고를 활용한 지역정보의 부착도 실시되고 있다.

경관법을 활용한 환경색채계획

| 구상적인 팬더와 멧돼지 의자는 e-메일에 사용되는 그림문자를 이용해 즐거운 놀이기구로 재탄생했다. 색채교실에서 정해진 놀이기구의 색채는 요코스카시의 다른 공원에도 사용되었다.

| 색채교실의 계획대상이 된 공원의 놀이기구. 색채교실의 참가자는 어린이들의 창조성을 키워나갈 색채를 선택해 계획에 접목했다.

| 선명한 레드, 오렌지, 핑크의 3색의 정리된 배색으로 도장되었다.

초등학생이 만드는 아름다운 학교

죠에츠시(上越市)
미나미 혼쵸(南本町)
초등학교의 컬러 워크숍

니가타현 新潟縣 죠에츠시에서는 환경색채 강습회를 열고 있는데, 어린이들에게도 색채에 대한 흥미를 가지도록 미나미 혼쵸 초등학교 6학년생을 대상으로 컬러 워크숍을 실시했다. 환경색채의 의미를 강의만이 아닌 실제의 효과를 체험할 수 있도록 초등학교의 계단실의 벽면에 실제로 도장을 실시했다. 그 당시 학교는 내진보강을 위한 공사를 진행하고 있었고, 외장색은 경관조례를 따른 어드바이저 제도를 통해 주변환경과 조화된 색채가 선택되어졌다. 학교 외벽은 건축물의 보호를 위해 십 수년마다 새롭게 칠을 했다. 그러나 내벽의 도장에는 그다지 예산이 잡혀 있지 않았다. 미나미 혼쵸 초등학교의 내장 페인트는 퇴색되어, 어떤 곳은 벗겨져 있었으며 어둡고 더러운 분위기였다. 부분적으로 보수를 한 흔적은 있었지만 그것들은 맥락이 없는 부조화된 색채였다.

컬러 워크숍은 쉬는 시간을 이용하여 진행했고, 도장은 하룻동안에 완성해야만 했다. 때문에 사전에 초등학교의 내장을 조사해 현재 사용되고 있는 색채의 색상과 톤을 고려해 1층은 옐로우, 2층은 그린, 3층은 블루로 각층의 테마 컬러를 정해, 그 위에 각각의 테마 컬러에 가까운 3색상씩의 보조색을 선정해 페인트를 발주했다. 그리고 학생들이 바로 도장할 수 있도록 도장업자의 협조를 얻어 사전에 밑칠을 해 두었다. 컬러 워크숍 당일, 먼저 학생들에게 기본적인 배색조화와 각 층마다의 테마 컬러, 보조색으로 된 컬러 시스템을 설명했다. 오전 중에 한 번 도장을 했고, 오후부터는 학부모들도 참가해 두번째의 도장을 할 그룹과 계단실 통로 벽면의 그래픽 패턴 디자인을 고안하는 그룹으로 나뉘어졌다. 벽에 그림을 그리는 것이 아닌 포근한 공간을 만들어내기 위한 패턴 디자인을 초등학생에게 가르치는 것은 이외로 쉽지 않아, 옐로우의 테마 컬러에 대해서는 빛, 그린은 숲, 블루는 물 등의 약간은 추상적인 제목으로 전달하여 구체적인 그림이 아닌 색채공간으로서의 확장을 표현하게 했다. 초등학생에게 있어서는 익숙하지 않은 체험이었지만 명쾌한 배색 시스템은 계단실을 밝고 즐거운 공간으로 바꿨다. 배색의 기본을 고려해 실제로 깨끗하게 된 공간을 체험함으로써, 초등학생들이 컸을 때는 도시의 색을 바르게 바라보며 아름다운 경관을 만들어낼 수 있기를 기대한다.

| 초등학생의 색연필을 빌려 배색의 기본을 설명했다.

| 지역의 도장업자의 지도를 받는 초등학생. 세밀한 도장부분은 붓을 사용하고 큰 면적은 롤러를 사용해 도
  장했다.

경관법을 활용한 **환경색채계획**

| 둥근 스폰지에 페인트를 묻혀 그래픽 패턴을 그리고 있는 초등학생들

| 도장 전의 지저분하고 어두운 계단실

| 각층에 사인 시트를 붙여 밝고 알기 쉽게 된 미나미 혼쵸 초등학교의 계단실

글을 마치며

■ 나는 미술대학을 졸업한 후 1년간 연구실에 남았고, 그 후 주임교수의 아틀리에에서 디자인 업무를 시작했다. 최초의 업무는 골프 공장의 색채계획이었다. 당시, 건축의 색채계획분야에서는 1960년대 중반 무렵부터 일어났던 슈퍼그래픽 운동이 촉발되어 막 전개되고 있을 때였다. 건축에 관한 색채계획 교과서는 거의 없었고, 건축잡지에 소개된 실험적인 색채공간의 사례를 보며 업무를 진행한 기억이 난다. 그 후 프랑스의 저명한 컬러리스트 쟌 필립 랑크로의 파리의 아틀리에에서 환경색채계획을 배웠다. 그 때 배웠던 '각각의 지역에는 저마다의 색이 있다'라는 말은 일본에서 환경색채계획을 실천해 나가기 위한 큰 계시가 되었다. 학창시절에 접한 디자인은 편리하고 명쾌한 생활공간을 제품생산을 통해 실현하려고 했었다. 그러나 프랑스에서 저마다의 지역이 가진 풍토색과 만났을 때, 사람의 삶에는 편리한 것만이 아닌 풍부한 개성과 지역성이 없어서는 안 된다는 것을 깨닫게 되었다. 경관에 대한 의식이 아직 낮았던 1970년대의 일본에서 환경색채계획의 업무를 실천하는 것은 매우 어려운 일이었지만, 정확히 그 무렵 '건축만으로는 도시는 이루어 지지 않는다'라고 주장하며 도시 디자인을 실천하고 있던 그룹과 만나게 되었다. 도시 디자인에서는 경관적으로 문제가 되는 건축물의 제거도 검토되고 있어 그 내용에 크게 촉발

경관법을 활용한 **환경색채계획**

되어 있었던 것이 기억에 생생하다. 이러한 새롭고 종합적인 사고를 가진 도시 디자인 그룹과의 협동이 환경색채계획을 키워냈다고 생각된다.

환경색채계획은 새로운 작품을 만드는 것 외에도 그때까지 지역에 축적돼 온 자원을 읽어내고 키워 나가는 것을 기본으로 한다. 지역의 개성은 색채만으로 만들어진 것이 아니며 다양한 요소의 관계로서 이루어져 있다. 많은 컬러 디자이너는 뭔가 새롭고 지금까지는 없던 색채표현에 집착하고 있지만 좁은 색채 디자인 분야만으로 경관을 만드는 것은 잘못된 것이다. 디자인 분야는 효율성을 찾아 세분화 되어 버렸지만, 그 세분화한 디자인 분야가 제각기 자기주장만 내세운다면 경관은 혼란스럽게 된다. 색채는 모든 디자인과 관계하는 신비로운 영역이다. 지금부터의 환경색채계획은 세분화된 디자인 분야를 잇는 역할도 맡아야 할 것이다.

마지막으로 지금까지 환경색채계획에 관계해 온 경험으로부터 건축 외장이나 외부 구조재료의 색채선택으로 곤란할 때 실수를 줄이는 4가지 방법을 소개하며 이 원고를 닫고자 한다.

외장색의 선택이 고민된다면 10YR의 채도 3 이하

■ 지금까지의 환경색채 조사자료에서도 알 수 있듯이 일본의 전통적인 건축물의 벽소재는 목재, 흙, 진흙 등이 대부분이고 그 색채는 YR계나 Y계의 저채도의 좁은 범위에 들어 있다. 그리고 그러한 경향은 도시의 대규모 건축물에도 계승되고 있다. 구체적으로는 10YR 부근의 색상을 중심으로 7.5YR로부터 2.5Y 정도의 좁은 색상폭이 기조가 되어 있다. 좀더 여유를 둔다면 5YR에서 5Y 정도의 색상폭까지 넓어지며 일본의 건축물의 외벽 기조색의 대부분이 이 속에 들어가 있을 것이다. 이러한 색상은 자연계의 기조색에도 있는 흙과 바위, 모래 등의 색상과도 겹쳐진다. 인간은 다양한 착색재를 손에 얻어 풍부한 색채로서 건축 외장의 표현이 가능하게 되었다. 그러나 그러한 기술을 습득한 후에도 자연 기조색의 범위에서 크게 벗어나 있지 않은 것은 큰 의미를 가지고 있다. 나는 여행을 할 때마다 흙과 모래를 모아 두어, 건축물의 색채선택으로 고민될 때에는 이 색의 범위에 들어가도록 한다. 흙은 다양한 색을 가지고 있지만 그 어느 것을 사용하더라도 큰 실수가 없다. 우리들 인간은 도시화되기 이전부터 오랫동안 자연과 어울려 살아왔다. 우리들의 색채감각은 그 자연 속에서 만들어져 왔다. 자연계의 기조색은 우리들이 살고 있는 도시의 기조색에도 있다. 자연계에는 없는 신기함을 가진 인공적 색채는 주목받기 쉬우며 눈길을 끌기도 하나 그

대부분은 단시간에 질려 버리고 만다. 건축 외장에는 새로움이나 주위와의 차별화는 그다지 중요하지 않은 것은 아닐까. 자연의 기조색 범위에 있는 색채를 사용해 수목과 꽃을 심어 나가면 변화는 식물이 만들어 준다.

나는 건축물의 외장색 선택으로 고민될 때는 '10YR의 채도 3 이하'라고 말해 왔다. 관서 지역에서의 건축 외장의 조사 데이터를 집계하면 관동 지역보다 다소 Y계에 치우쳐 있다는 것을 알 수 있지만, 약간의 차이기에 10YR의 색상으로도 문제없을 것이다. 이렇게 하면 거리가 매우 단조로운 인상이 될 것으로 생각하는 사람도 있겠으나 형태와 소재와의 조합으로 만들어진 표정에는 충분한 변화가 있다. 또한 현재의 거리는 이미 넓은 색상폭으로 확산되어 있으므로, 그 속의 중심색상을 늘여 기조색을 느낄 수 있는 거리로 키워나갈 수 있다. 10YR의 채도 3 이하에 있는 색채는 매우 풍부하고 거기에 명도차와 채도차를 살리면 더욱 다양한 배색이 생겨난다. 여기에 이 색채범위에 있는 색채를 기조색으로 하여 액센트 컬러를 더해 조합시키게 되면 더욱 무한히 확장된다. 건축 외장색의 선택이 고민된다면 10YR의 채도 3 이하에 있는 색채를 사용하면 실수가 적어진다.

도로는 지역의 흙색을 기본으로 한다

■ 최근 도로의 포장재는 다양해졌다. 인터록킹 블록, 콘크리트 평판, 물이 투과되는 컬러 포장 등 많은 종류가 개발되어 있다. 그리고 이러한 제품의 색채 역시 다양해졌다. 더욱이 인터록킹 블록과 평판 등에는 패턴 배색도 가능하게 되었다. 제조사는 컴퓨터 그래픽을 이용해 도로의 다양한 배색 패턴을 제안한다. 이러한 배색 패턴과 그림 타일이 불과 짧은 시간에 일본 전체에 퍼져 버렸다. 해안가의 산책로에는 바다를 이미지시키는 블루에 흰 파도의 패턴이 그려져 있으며, 지역의 특산과일을 표현한 도로도 있다. 이러한 패턴 속에는 시각장애인의 보행에 필요한 유도 블록이 보이지 않도록 저해하고 있는 것도 많다. 도로의 설계에 관여하다 보면 어떻게 해서라도 단색이 아닌 배색 패턴을 넣으려고 한다. 긴 도로의 평면도가 눈 앞에 있으면 지나치게 지루하지 않게 단색으로 지정한다는 것은 매우 어렵다. 제조사가 가져오는 다양한 배색 패턴을 보다 보면 자신도 모르게 뭔가 디자인을 넣고 싶어진다. 그리고는 지역의 바다와 꽃, 특산품 등의 알기 쉬운 패턴 모티브로 보도를 장식해 버린다. 게다가 도로는 이어져 있는데도 담당자가 바뀌면 색과 패턴이 바뀐다. 상점가는 저마다 화려함을 경쟁한다. 더욱이 거리 뒤의 개인소유지의 포장재 색채와 패턴은 인접한 도로와의 관계를 배려하지 않는다. 이렇듯 소란스런 도로를 보고 있으면, 단색의

경관법을 활용한 **환경색채계획**

아스팔트나 콘크리트 포장이 더욱 아름답지 않은가라는 생각
도 든다. 지나치게 지루해, 게다가 주변과의 관계를 생각하지
않고 안이하게 패턴 디자인을 행해버리는 결과의 폐해는 크다.
얼마 전까지만 해도 도로는 흙이었고, 돌이었으나 다색은 아니
었다. 도로는 경관의 중심이 되어 거리를 걷는 사람들과 점포에
장식된 상품, 사계절 변화하는 가로수색의 이미지를 지탱시키
는 역할을 하고 있다. 우리는 도로가 저채도의 단색이 기본으로
되어야 한다고 생각한다. 예전의 벽돌과 같이 자연스럽게 굽힌
모양이 있는 편이 좋으며, 패턴 디자인은 광장이나 쇼핑몰 등에
한정해야 할 것이다. 색채선택으로 고민된다면 지역의 대표적
인 흙색을 사용하면 틀림없다고 생각된다. 특히 마른 흙에서 젖
은 흙까지의 명도 변화 속에서 고르면 좋다. 제조사에게도 일본
전국 어디에도 사용 가능하도록, 웜 그레이나 베이지 등의 석재
가 가지고 있는 온화하고 혐오감이 없는 색을 공통적인 기본
컬러로 사용하도록 설득하고 있다. 기업간의 경쟁도 있어 쉽사
리 실현되기는 힘드나, 이후 경관법의 실행을 통해 경관행정단
체가 지역의 표준색으로 정해도 좋지 않을까.

도로의 부속물도 10YR로 정리한다

■ 도로에는 보도교, 조명등, 가드레일, 볼라드, 안내 사인, 배전박스, 전주, 공중전화 등 다양한 부속물이 설치되어 있다. 그러한 색채가 조정되지 않은 채로 사용되어 부조화한 경관을 만들고 있는 예가 많다. 다리는 그린계열이나 블루계의 중간색으로 도장된 곳이 자주 발견된다. 조명등은 흰색이 많으나 최근에는 짙은 갈색도 늘어나고 있다. 가드레인은 희고, 보호 펜스는 흰색이나 갈색, 녹색으로 착색되어 있다. 관리주체에 따라 색채도 제 각각이다. 가드레일과 볼라드 등은 운전자에게 어느 정도 주목될 필요가 있으나 그 외의 많은 부속물은 눈에 띄지 않는 편이 좋다. 그리고 그것들을 동일한 색으로 정돈하거나 아니면 톤을 나누어 사용하는 색상조화형의 배색이 되도록 하는 것이 요구된다. 이렇듯 색채를 정해 조정하면 일본의 도로공간은 급격히 아름답게 될 것이다. 도로공간에 어울리는 색채를 정하는 것은 그다지 어려운 일이라고는 생각되진 않지만, 많은 설치책임자를 설득하는 것이 어려워 색채는 혼란스러운 채이다.

그러나 최근 새로운 운동이 시작되었다. 국토교통성은 아름다운 나라 만들기를 진행하기 위해 '경관을 배려한 보호 펜스의 정비 가이드라인'을 책정했다. 지역에서는 마스터 플랜을 세워 그 속에서 색채 컨트롤을 진행하고 있다. 이러한 마스터 플랜이 없는 경우에는 일본의 건축 외장색으로 기조가 되어 있는 10YR

경관법을 활용한 **환경색채계획**

계의 색상과 조화되며 지나치게 눈에 띄지 않도록 10YR 2/1, 10YR6/1, 10YR3/0.2의 3색의 사용을 추천하고 있다. 이러한 구체적인 색채를 제시한 의미는 크다. 최근 늘어나고 있는 다크 브라운도 제조사에 따라 색상과 톤이 제각각이다. 국가가 보호 펜스의 기본 컬러를 제시함에 따라 이후 제조사 간의 경쟁으로 제각각이었던 색채는 서서히 구속될 것이다. 더욱이 보호 펜스만이 아닌 10YR이라는 색상이 도로부속물의 기조색상으로서도 인정되었다. 이미 군마현群馬縣 다카사키시高崎市에서는 보도교의 색채를 10YR계로 정해 도장을 바꾸는 작업이 진행되고 있다. 이러한 기본 컬러가 정해지면 전국이 개성 없고 일률적인 경관이 될 것이라고 걱정하는 사람도 있다. 그러나 마음대로 색채를 범람시키는 것이 개성적인 공간을 만드는 방법은 될 수 없으며, 또한 정말 개성을 만드는 부분은 도로에 접한 포장에도 있고, 가로수에도 있으며, 한편으로 도로에서의 조망에도 있다. 그것들의 이미지를 지탱시키는 색채로서 10YR계의 저채도색의 사용은 효과적이다.

고민된다면 저채도색

■ 봄이 되면 일본은 꽃구경으로 만연한다. 만개한 벚꽃 밑에서 연회는 각별하다. 이 시기 벚꽃의 명소는 어디라도 많은 사람들의 활기로 넘쳐난다. 그러나 조용하게 벚꽃을 관람하고자 해도 주변에 퍼진 고채도색에 신경이 거슬린다. 예를 들어 봄을 축하하는 핑크의 제등, 파란 천막의 깔개, 번들거리며 선명한 공원의 놀이도구 등, 희미하고 아름다운 벚꽃의 이미지를 해치는 고채도색이 어디에나 퍼져 있다. 제등은 흰색이라도 좋으며 돗자리와 같이 식물로 이어 만든 깔개는 눈에도 편안하다. 모든 것이 온화한 것만이 아닌 원색의 야간상점이 늘어선 경치도 즐겁지만 벚꽃이 주역이 되어야 할 경관과 원색의 활기찬 장소는 분리할 필요가 있다. 어디에서나 색채가 범람하게 되면 장소는 매력을 잃어버리게 된다. 벚꽃을 아름답게 보이게 하기 위해서는 주변의 색채를 정리할 필요가 있다. 파란 천막은 일본 어디서라도 볼 수 있다. 그렇게 화려한 색채가 아니라도 좋으련만 다른 온화한 색채의 천막은 그다지 팔리지 않는다. 자연색과 가까운 깊은 그린의 천막도 돌아 다니길 바란다.

공원을 둘러싼 블루 그린의 네트 펜스도 신경에 거슬린다. 주변을 녹화하고 꽃을 심어 깨끗하게 정비해 두고서도 그 주변은 이 색의 네트로 둘러싸 버린다. 이 블루 그린의 네트 펜스는 녹색이 적은 회색의 공장지대에서 보다 빛을 발하도록 고안된 색

경관법을 활용한 **환경색채계획**

채이다. 경제적으로도 여유로워진 지금은 녹색환경을 정비하고자 한다면 윤기를 자연의 녹색과 꽃에 맡겨야 한다. 최근의 네트 펜스는 어느 정도 양질의 멧슈 펜스로 바뀌어가고 있다. 색채는 다크 브라운이 많이 사용되고 있다. 블루 그린은 네트 펜스의 대표색이 되어 왔지만 이 선명한 색채는 서서히 물러나도 좋지 않을까.

같은 이유로, 파란 금속지붕도 특수한 색채이기 때문에 항시 사용하는 색에서 제외돼야 한다. 채도가 높은 지붕의 금속판을 보수하기 위한 동일색의 보수도료도 팔리고 있다. 눈이 많은 지역에서는 금속지붕을 올린 집이 있으나 보수할 때는 주변의 집들과 대비되는 청색을 그대로 사용하는 경우도 많다. 학교의 생선묵 모양의 체육관 지붕에도 청색이나 녹색의 금속지붕이 자주 발견된다. 이 색채도 지역의 아름다운 자연 이미지를 저해한다. 자연계의 변화하는 색을 아름답게 보이도록 하기 위해서는 저채도색을 보다 소중히 여겨야 할 것이다. 여러 색 중에서 색채 선택에 고민된다면 채도가 낮은 색채를 고르는 편이 무난하다.

저자 약력

요시다 신고吉田愼悟

1949년 카나가와현 타카사키시 출생
1972년 무사시노 미술대학 기초디자인학과
　　　 졸업
1972년 무사시노 미술대학 기초디자인학과 연
　　　 구실 근무
1973년 무사시노 미술대학 교수 무카이 슈타로
　　　 向井周太郎 연구실 근무
1974년 도불 쟌 필립 랑크로 교수 아트리에 연
　　　 구 유학
1975년 컬러 플래닝 센터색채계획가. 1994년부터 사장
1989년 무사시노 미술대학 기초 디자인과 비상
　　　 근 강사
1990년 유한회사 크리마 대표이사
1994년 무사시노 미술대학 시각전달 디자인과
　　　 비상근 강사
1994년 나가오카 조형대학 비상근 강사2001년까지
1998년 와세다 대학 예술대학 비상근 강사
1999년 큐슈대학 비상근 강사
2000년 교토조형예술대학 비상근 강사

【소속단체】 일본 디자인학회 회원1972년 / 공공의
색채를 생각하는 모임 회원1985년, 2004년까지 상임위원
/ 도시환경 디자인회의 회원1991년, 1996년 ~ 2000년까
지 대표간사 / 일본색채학회 회원1993년 / 사단법인
카나가와 디자인 기공1996년 ~ 2003년 이사
【저서 등】「환경색채디자인」CPC편집1993년, 미술출
판사) /「도시와 색채」1994년, 요리미사 공저 /「거리
의 색을 만들자 – 환경색채디자인의 수법」건축자
료연구사 / "EVOLVING VISUAL PATTERN" 전1979년 미
국 하버드대학 카펜터 센터 / "슈튜트가르트 국제 컬러디
자인상" 1980년 요코하마시 우편집중국 색채계획

【주요업무】 토큐 뉴타운 아비코빌리지 종합 색
채계획1975년, 토큐 설계 / 마치다역앞 재개발 색채계
획, 설계1978년, 마치다시 / 히로시마대학 캔버스 계
획 색채조사1978년, 도시환경연구소 / 스미토모 스토어
리빙, 다이닝 상품 컬러 스킴 제작1979년, 스미토모 /
요코하마 우체집중국 기계화 설비 색채계획1980
년, 우정국 / 카와사키시 도심부 도시 디자인 기본
계획, 색채조사, 제언1981년, 도시환경연구소 / 토리데역
서쪽 출구 재개발 계획, 색채설계1983년, 일본설계 /
효고현 경관조례 색채지도기초작성1984년, 효고현 /
큐슈전력 마츠우라 화력발전소 색채계획1986년,
큐슈전력 / 오오카와바타 리버시티 21 환경색채설
계 기본계획1986년, 주택도시 정비공단 / 타네가시마 우
주센터 색채설계1987년, 우주개발사업단 / 업 죤 츠쿠바
종합연구소 색채계획1988년, 치요다 화공건설 / 에노시
마 특별 경관형성 지구 색채계획1990년, 야마테 종합연
구소 / 공업항만 시설등 색채계획1991년, 키타큐슈 /
니시 후쿠오카 마리나 타운 환경색채계획1991년,
주택도시 정비 공단 큐슈 지사 / 히로사키시 환경색채조사
1992년, 도시환경 연구소 / 도시에 있어서 쾌적한 색채
환경의 형성, 조사검토1993년, 건설성, UDC / 요코스
카시 우미하마 뉴타운 사업화계획 환경색채조
사1993년, 일본개발구상연구소 / 카와사키시 연안부 환경
색채조사1994년, 카와사키시 / 후쿠오카 어페인 특부
색채설계1994년, 주택 도시정비공단 큐슈지사 / 아오우미 1
쵸메 2,3지구 주택동 외장 색채계획1995년, 주택도시
정비공단 / 지역의 색채소재연구, 토코나메, 이즈
시, 우치코1996년, INAX / 쿠마모토현 경관형성 색
채 가이드라인 작성1997년, 쿠마모토현 / 노다시 경관
형성계획1998년, 치바현 도시정비 협회 / 중국 운남성 세
기 대교 색채계획1998년, 도시환경연구소 / 마쿠하리 베
이타운 그랜드 파티오스 공원 동쪽 색채설계
1999년, 도시환경연구소 / 후지자와단지 외장색채계획
1999년, 주택, 도시정비공단 / 야마사키쵸 경관형성지구

지정조사2000년, 효고현 / 어페인 르네상스 외장 색
채계획2003년, 단 건축연구소 / 신덴 색채조사계획2001
년, 도시 기반정비공단 / 세기몬 경관색채 기초책정2001
년, 키타큐슈시, 시모노세키시 / 죠에츠시 공공 건축물 색
채 가이드라인 작성2001년, 죠에츠시 / 중국 盤錦시
경관색채계획2002년, 西肇 색채 / 분쿄구 색채가이드
라인의 작성 및 실태조사2002년, 분쿄구 / 신덴지구
색채 실시 설계2003년, 도시기반 정비공단 토쿄지사 / 어베
인 카이츠카 색채계획2003년, 도시기반정비공단 큐슈지사 /
토다시 경관색채 가이드라인 책정업무2003년, 토다
시 / 나라현 색채 가이드라인 책정 조사2004년, 나라
현 / 히바리가오카 재건축 외장색채계획2004년, 도
시기반 정비공단 / 하나 코가네이역 북측출구 지구
색채계획2004년, 도시기반정비공단 / 오다와라시 환경색
채 가이드 매뉴얼 책정 조사 업무2005년, 도시환경연
구소 / 후지사와시 환경색채기준 책정조사2005년 /
토요슈 3쵸메 지구 디자인 가이드라인 색채기
준책정2005년, 도시재생기공

이와테현 경관 어드바이저이와테현 오다하라시 경
관심의회 위원, 동시 경관 어드바이져오다하라시 /
카와사키시 도시경관 심의위원회, 동 심의회 전
문부회 위원카와사키시 / 카스가베시 도시경관 어
드바이져카스가베시 / 키타큐슈시 경관 어드바이져
키타큐슈시 / 죠에츠시 경관 어드바이져죠에츠시 / 컬
러 코디네이터 검정시험 1급 작문 위원회위원토
쿄상공회의소 / 토쿄도 광고물 심의회 위원토쿄도 / 토
다시 도시경관 심의회위원, 동시 경관 어드바이
져토다시 / 하다노시 경관 도시만들기 제도 검토
위원회 위원하다노시 / 토야마현 경관 어드바이져
토야마현 / 후지미야시 도시경관 심의회 위원후지미야
시 / 후지사와시 도시경관 어드바이져, 동시 도
시경관 심의회 위원후지사와시 / 야마토시 거리만
들기 전문가야마토시 / 요코스카시 도시디자인 탑
화회 전문위원, 동시 경관 전문위원, 동시 색채

어드바이져요코스카시 / 수도고속도로 경관향상에
관한 위원회 위원수도고속도로 기술센터 / Auto Color
Awards 2005 심의 위원일본 유행색 협회

역자 약력

이석현
홍익대학교 미술대학 회화과 졸업
환경조형연구소 스튜디오 드림 대표
츠쿠바 대학 예술연구과 환경디자인과 석사
츠쿠바 대학 인간종합과학연구과 디자인학 박사
츠쿠바 대학 인간종합과학연구과 연구원
일본 이바라키현 마카베시 경관조사 위원
(재)한국색채연구소 도시환경 선임연구원
홍익대학교 산업대학원 환경색채디자인학 강사
대한국토·도시계획학회 경관분과 경관색채위원
지역경관색채 어드바이저
환경색채교육을 담당

1999년까지 도시 그래픽의 업무에 주로 종사하였고,
2000년 이후로는 일본에서 환경색채계획 및 환경 디자인 업무에 종사했다.
현재는 한국색채연구소 선임연구원 및 각 지자체의 경관계획 및 자문,
경관색채교육의 업무를 담당하고 있다.